教育部人文社会科学研究青年基金项目资助（No.22YJC790152）

快速城镇化背景下豫东平原地区聚落规模及空间格局演变研究

杨慧敏 ◎ 著

KUAISU CHENGZHENHUA BEIJINGXIA
YUDONG
PINGYUAN DIQU
JULUO GUIMO JI KONGJIAN GEJU
YANBIAN YANJIU

中国财经出版传媒集团

经济科学出版社
Economic Science Press

图书在版编目（CIP）数据

快速城镇化背景下豫东平原地区聚落规模及空间格局演变研究/杨慧敏著．--北京：经济科学出版社，2022.9

ISBN 978-7-5218-4025-4

Ⅰ．①快…　Ⅱ．①杨　Ⅲ．①平原-聚落环境-研究-河南　Ⅳ．①X21

中国版本图书馆CIP数据核字（2022）第171180号

责任编辑：袁　溦
责任校对：刘　娅
责任印制：邱　天

快速城镇化背景下豫东平原地区聚落规模及空间格局演变研究

杨慧敏　著

经济科学出版社出版、发行　新华书店经销

社址：北京市海淀区阜成路甲28号　邮编：100142

总编部电话：010-88191217　发行部电话：010-88191522

网址：www.esp.com.cn

电子邮箱：esp@esp.com.cn

天猫网店：经济科学出版社旗舰店

网址：http://jjkxcbs.tmall.com

北京时捷印刷有限公司印装

710×1000　16开　16印张　180000字

2022年10月第1版　2022年10月第1次印刷

ISBN 978-7-5218-4025-4　定价：80.00元

（图书出现印装问题，本社负责调换。电话：010-88191510）

序　言

党的十九大提出实施乡村振兴战略，这既是对“三农”工作作出的重大决策部署，也是新时代做好“三农”工作的总抓手。2022年《“十四五”新型城镇化实施方案》中进一步明确，新发展格局下以推动城镇化高质量发展为主题，持续促进农业转移人口市民化，完善城镇化格局，促进城乡融合发展①。乡村振兴战略的提出和国家新型城镇化的规划部署，为区域城乡发展研究提供了政策支持，但区域差异、城市和乡村发展形态的迥异为城乡发展方面的研究提供了不同的思路。在硕博求学过程中，受益于李小建教授的悉心指导和教诲，本人的研究方向一直聚焦于城乡发展方面，尤其是对欠发达地区城乡发展的研究更为关注。硕士阶段，关注欠发达地区的多维贫困，对其空间格局特征和影响因素进行系列分析；博士阶段将研究视角转向城乡聚落，从居民聚居点这一微观视角对城乡发展过程与特征进行深入研究，关注较长时段内地区聚落的发展演化。尤其是对传统农区聚落的发展，随着研究的深入也有了更为深刻的认识。在以往研究基础上完善形成的《快速城镇化背景下豫东

① 中华人民共和国国家发展和改革委员会．“十四五”新型城镇化实施方案［EB/OL］．（2022－07－28）［2022－08－01］．https：//www. ndrc. gov. cn/fggz/fzzlgh/gjjzxgh/202207/t20220728_ 1332050. html？ code = &state = 123.

平原地区聚落规模及空间格局演变研究》一书，聚焦中国中部平原农区聚落的发展演变。

（一）

改革开放以来，我国城镇化发展迅速。城镇化，不只是人口的城镇化，土地利用、经济社会和聚落景观也发生着巨大的变化。聚落作为人地关系的基本单元，是人类居住（或在某种程度上经济活动）的场所，城镇化过程中人口和经济活动方式的变化，引起聚落的规模分布、空间结构、聚落体系等发生变化，成为区域经济社会发展最重要的表征之一。在城镇化快速发展的背景下，对这一过程中城乡聚落的时空格局演变特征、影响机制及其发展趋势的分析，对于聚落演变理论研究、优化城乡聚落体系、明晰村落未来发展方向等具有重要的理论意义和现实意义。故此，梳理以往研究内容，本书对豫东平原地区的聚落发展演化过程、特征、影响机制等进行归纳与总结。

本书中的研究内容以人地关系理论、中心地理论、“中心—外围”理论作为理论基础，使用聚落斑块面积、人口、社会经济发展数据等，采用地理信息系统（GIS）空间分析方法、遥感影像处理（ENVI）技术、位序—规模法则、空间回归分析等对较长一段时期内豫东平原地区开封、商丘、周口市域范围内的城乡聚落规模、空间格局、县域聚落发展差异、聚落变化影响因素等进行系统的分析。在理论研究基础上，综合实证分析结果对研究区聚落发展和格局优化提出相关建议，同时为进一步探讨和明晰传统平原农区聚落的未来发展趋向提供必要的支撑和参考。

书中共包含8章，主要由绪论、国内外研究动态、实证分析、结论与展望四个部分组成。其中，第1章是绪论部分，对选题背景和研究意义进行阐述；第2章是聚落研究文献综述与理论分析框架，掌握前沿研究动态与发展趋势；第3～7章是实证分析部分，介绍研究区概况和具体分析聚落规模、空间格局、县域差异、聚落变化的影响因素；第8章是结论与聚落发展建议部分，在具体分析基础上对已有研究结果进行讨论与梳理，并提出有针对性的发展建议及对未来的研究展望。

（二）

综合来看，地区经济发展带来城乡聚落的规模和空间格局变化，城镇化和工业化的快速发展，引起聚落的集聚变化。本书在研究中选择豫东平原地区的开封市、商丘市和周口市作为研究区，对其聚落的发展演化过程、特征、聚落发展影响因素等内容展开较为系统而全面的研究。研究区作为我国的传统农区，较早时期已有人类在此居住和生活，具有长时期的、持续的人类居住历史，这为研究较长一段时间内的聚落变化提供了条件。在城镇化和工业化快速发展过程中，研究区作为欠发达平原农区，依然是进行聚落演变研究的较为富有代表性的区域。基于此，本书研究的重点和特点可大致概括为三个方面：一是基于聚落斑块微观视角，从市域、县域、乡镇不同尺度展开系统分析；二是运用城市规模分布的齐夫（Zipf）定律和乡村聚落规模分布的负指数模型分别对研究区聚落规模分布进行测度和分析；三是对聚落面积与人口之间的相关关系进行定量分析。

尽管对豫东平原地区聚落发展的研究取得了一定的研究结论，但限于思考问题的深度和数据获取的难度，本书仍存在许多不足之处。诸如，城镇化快速发展过程中，不同阶段聚落规模和空间格局的发展变化特征的研究，不同时点聚落规模和空间格局变化的影响因素的定量测度与机制探讨，不同县域单元城乡聚落体系优化发展的路径探析，等等。在新型城镇化推进过程中，城镇聚落和乡村聚落也在不断发展演化。国家发展和改革委员会发布的《2022 新型城镇化和城乡融合发展重点任务》中明确提出，要持续优化城镇化空间布局和形态、以县域为基本单元推动城乡融合发展。据此，在新发展阶段，基于多源数据对区域内城乡聚落发展变化一般特征与规律的研究依然是值得关注的。

（三）

在本书写作过程中，恩师李小建教授给予了莫大的鼓励和支持，既有初期开始聚落研究时的理论指导和多次研究思路探讨，也有期刊论文写作过程中的细致指导和热忱鼓励，使我收获专业知识的同时，也体会到学术的严谨和求学的务实。这样的激励与教诲不仅贯穿了我的硕博求学阶段，同样也影响着步入工作岗位后的自己。感恩相遇，感恩教诲，厉兵秣马，砥砺前行。

同时，本书是在博士阶段和后续研究基础上的进一步修改与完善，感谢读博期间提供了支持和帮助的诸位专家、学者，他们对论文的思路与研究框架提出了许多有针对性的修改建议，感谢河南大学地理与环境学院（原环境与规划学院）和经济学院、河南财经政法大学资源与环境学院和工程管理与房地产学院的多位教授在研究方法和模型构建方面提出的有效建议，感谢实地调研数据收集过程中提供协调和帮助的地名区划处的诸位领导，感谢遥感影像数据目视解译过程中提供极大帮助的师兄和师弟师妹们，同时也感谢读博期间没有想过放弃的自己。

在博士论文的数据分析和研究过程中，得到了国家自然科学基金（No. 41471117）和教育部人文社科重点研究基地重大项目（No. 16JJD770021）的资助，为文中的数据收集与处理提供了重要支持，在项目研究过程中参与课题的相关分析，目前项目已顺利结项。

在本书书稿的内容撰写和进一步数据补充分析、图件更新绘制过程中，得到了教育部人文社会科学研究青年基金项目（No. 22YJC790152）的重要支持。感谢经费支持，在此一并表示诚挚的感谢。

杨慧敏
2022年9月郑州

目　　录

第 1 章

绪　论

1.1 选题背景

1.1.1 聚落规模和空间格局快速变化

改革开放以来，随着地区社会经济发展，我国人口大规模增加，城镇建成区面积呈现大幅增加态势，农村居住面积也在不断扩大，但村庄数量在减少。

（1）人口规模增加显著。中华人民共和国成立初期，我国年末总人口 5.42 亿人，城镇人口为 5765 万人；2020 年末总人口增长至 14.12 亿人，城镇人口数为 90220 万人。1949 ~ 2020 年，我国的城镇人口占比提高了 53.25%，年均提高 0.75%。乡村人口数虽有所减少，但乡村人口基数较大，仍有大量人口生活在农村，截至 2020 年底有乡村人口数 50992 万人。河南省乡村人口数也有所减少，由

1978 年的 6104 万人减少至 2020 年的 4430 万人①。

（2）城市建成区面积大幅增加。对于表征城市居住空间规模的建成区面积而言，1990 年我国城市建成区面积为 12856 平方千米，2020 年已增加至 60721.3 平方千米，该时期城市人口密度为 2778 人/平方千米②，这一时段内建成区面积增加显著。这一时期河南建成区面积也有较大幅度的增加，1990 年建成区面积为 605 平方千米，在 2020 年已增加至 3040 平方千米（见图 1－1）。

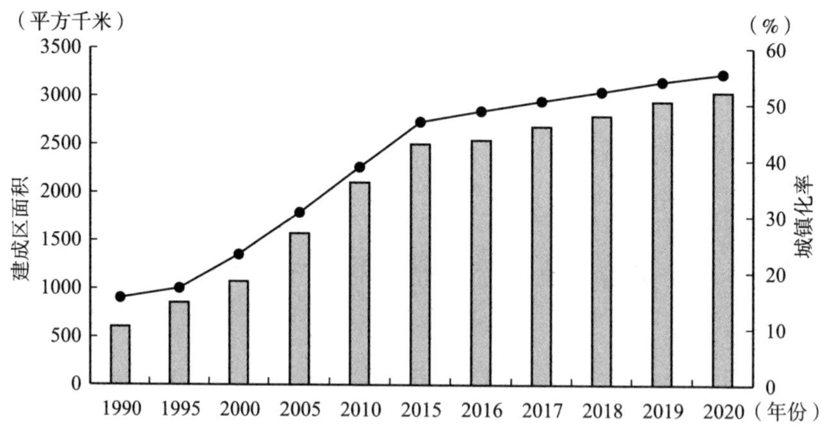

图 1－1　1990～2020 年河南省建成区面积和城镇化率变化

资料来源：2021 年《河南统计年鉴》，作者整理。

（3）农村居住面积不断扩大。统计数据显示，2005～2019 年我国村庄人均住宅面积由 28.40 平方米增加至 34.31 平方米③。同时，1985～2018 年农村住户住宅竣工面积每年均保持较高的增加幅度（见图 1－2）。随着城镇化进程的快速推进，城镇化水平持续提升，

① 资料来源：2021 年中国统计年鉴。
② 资料来源：2001 年和 2021 年《中国统计年鉴》。
③ 资料来源：2006 年和 2020 年《中国城乡建设统计年鉴》。

城乡居民收入逐渐增加，生活水平稳步提高，农村居民家庭住房条件改善，年末住房面积在这一过程中也不断上升。其中，2000～2011年农村人口减少1.33亿人，但农村居民点用地却增加了203万公顷[①]，“土地城镇化”速度过快。同时，《中国农村发展报告2020》中指出，未来五年将会有0.8亿人口进入城镇，农业人口会继续减少[②]。

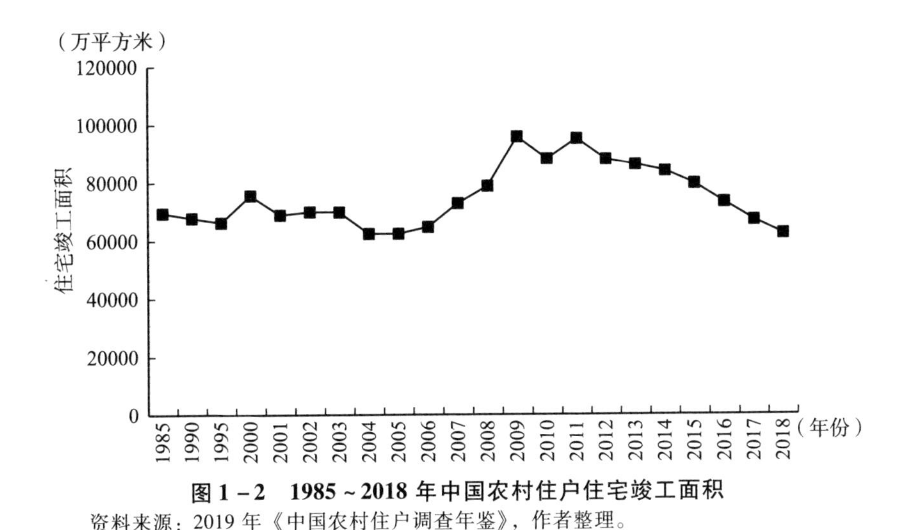

图1－2 1985～2018年中国农村住户住宅竣工面积

资料来源：2019年《中国农村住户调查年鉴》，作者整理。

（4）村庄数量减少。2005～2020年我国村庄数量减少明显（见表1－1）。其中，行政村总数量减少了86008个，而自然村作为自然形成的居民聚居点，其数量减少更为明显，该时期村庄个数减少346170个。这一时段内河南省村庄个数减少了16906个。对于乡

① 资料来源：中华人民共和国国家发展和改革委员会 发展规划司．国家新型城镇化规划（2014—2020年）[EB/OL]．(2014－03－16)[2018－11－01]．http：//www. gov. cn/zhengce/2014－03/16/content_2640075. htm.

② 资料来源：新华网．社科院发布《中国农村发展报告2020》[EB/OL]．(2020－08－17)[2022－01－18]．https：//baijiahao. baidu. com/s? id＝1675261832031813243&wfr＝spider&for＝pc.

镇行政单元而言，全国建制镇数量在这一时期增加了1170个，河南省增加了313个。同时，乡个数减少幅度也较大，全国范围内的乡个数减少明显，15年间减少了5703个，河南省减少了468个，几乎是2005年的一半左右。

表1-1　　2005～2020年全国及河南省村镇基本情况　　单位：个

地区	基本情况	2005年	2020年
全国	建制镇个数	17652	18822
	乡个数	14579	8876
	村庄个数	2709078	2362908
	行政村个数	579003	492995
河南省	建制镇个数	755	1068
	乡个数	1044	576
	村庄个数	200462	183556
	行政村个数	43978	42069

资料来源：2006年、2020年的《中国城乡建设统计年鉴》，作者整理。

1.1.2　聚落规模和空间格局研究

中国改革开放以来，随着40多年间地区经济的快速增长，经济结构逐渐发生变化，城镇化和工业化的发展也逐渐引起聚落规模、聚落体系、空间格局等发生巨大变化，在这一过程中对区域聚落演变的研究具有重要的现实意义。

聚落是人类聚居和生活的场所，包括城镇聚落和乡村聚落。作为人地关系地域体系研究的重要内容之一，聚落研究一直是学者们关注和研究的焦点之一，20世纪90年代以来关于“聚落”的研究逐渐增多，总体研究论文发表数量呈逐渐增加的趋势。同时，在中国知网文献检索平台中，以“聚落”“居民点”作为关键词进行期刊文献检索（检索时间：2022－01－18），在查找到的1833篇学术期刊文献中（对学位论文、会议论文、报纸文章进行剔除），比较多的研究关注居民点、聚落景观格局、聚落空间等方面，也有较多研究关注聚落形态、土地利用、城镇发展等方面（见图1－3和图1－4）。关于聚落的诸多研究主要集中在聚落规模结构、空间格局

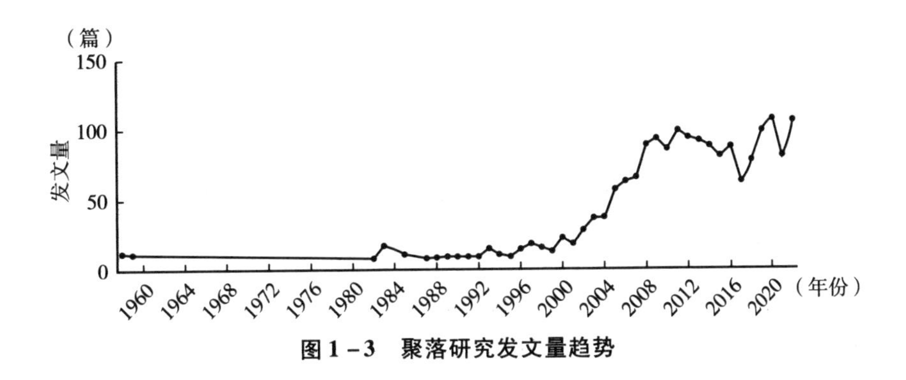

图1－3 聚落研究发文量趋势

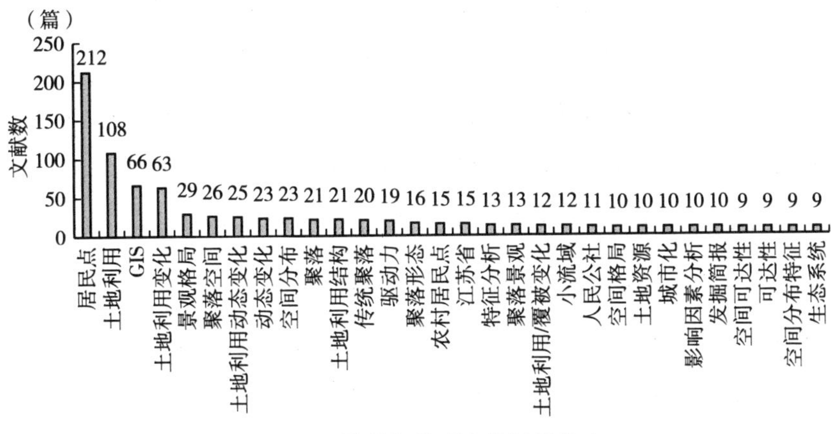

图1－4 聚落相关研究关键词分布

特征、聚落空间演化、聚落空间重构及机制分析、空心村现象等方面，研究成果较为丰硕。研究方法上，由定性描述逐渐向定性研究与定量研究相结合的方向发展，对地理信息系统（GIS）、遥感（RS）空间分析技术的应用逐渐增多。

（1）聚落规模研究。这一方面的研究较多的是关注城镇化过程中城镇建设用地的扩张和乡村聚落规模的增加（李骞国等，2015；李小建等，2015），中心城市和乡镇周边聚落扩张明显（余兆武等，2016；杨忍等，2017），但聚落规模的扩张受地形的限制，地势平缓、坡度较小的地区聚落规模扩张显著（郭晓东等，2008；陈永林和谢炳庚，2016），且经济发展会促进聚落规模的增加（李洪波等，2015）。不同规模的聚落构成了城镇及农村聚落等级体系。对于城市等级体系的研究，主要是城市规模分布规律和特征的分析，位序—规模法则、分形维数等方法得到广泛应用。位序—规模法则可以对城市规模和位序之间的定量关系进行衡量和刻画。城市规模及其位序在双对数坐标图上呈现出幂律分布特征，或局部服从幂律分布，当城市体系中城市位序与人口规模之间线性拟合得到的指数为1时，该城市体系服从齐夫分布（Zipf，1949；Soo，2005；Giesen，2011；Berry and Kozaryn，2012）。也有研究证实乡村聚落规模及其位序在半对数坐标图上的分布表现为负指数分布特征（Sonis and Grossman，1984；Grossman and Sonis，1989）。国内有学者使用幂律分布模型对不同地区聚落规模体系的演化过程进行刻画和实证分析（李智等，2018；宋伟等，2020），结果发现发达地区县域城乡聚落规模结构变动更为明显（李智等，2019）。此外，也有部分研究将位序—规模法则加以引申，对地区乡村聚落规模分布变化进行分析

（吕敏娟和郭文炯，2016；杨凯悦等，2020）。较长时段的聚落发展过程，劳动力、资源要素的空间流动可使得一定地域系统内的乡村聚落逐步发展为城镇聚落，城镇化进程中村落体系与城镇体系逐渐融合，且聚落规模的发展变化会带来聚落规模体系的变化，将齐夫分布加以引申，可以用来测度区域内城乡聚落等级规模变化情况（李小建等，2015）。

学者们对城市规模分布的理论研究和实证研究成果丰硕，对农区聚落规模分布及其变化趋势的研究成果不多，对经济发展与聚落规模分布的影响的分析关注不多，已有研究较多的是关注某一时间点的分析。在已有研究成果的基础上，将城市位序—规模法则和乡村位序—规模法则相结合对区域城乡聚落规模分布进行分析，对不同经济发展水平地区的聚落规模分布变化进行分析，得出的分析结果可以进一步厘清区域聚落体系的规模分布变化特征和变化态势。

（2）聚落空间格局研究。在聚落的区位和空间格局研究中，地区社会经济发展、自然资源、区域通达性等因素对聚落发展具有重要影响。自然资源和自然条件在早期聚落的形成和发展中起着决定作用，聚落初始区位对自然环境有很强的依赖性，在地势平坦、水源充足、耕地肥沃的地区，聚落逐渐发展起来。对于农区而言，长时期的农业发展历史，在聚落区位选择时，自然环境和农业资源显得十分重要。随着地区社会经济的发展，农业生产技术的变化，基础设施和公共服务设施的完善，人们对环境的开发和利用能力逐步提高，自然条件的约束会逐步减弱（李小建，2016），社会经济的影响逐渐加大（Oldfield，2012；Ruda，1998；陈玉福等，2010；任平等，2014；李冬梅等，2016；杨忍等，2016）。区域地貌类型和发展阶段的差异，聚落规模体系和景观格局也会有所不同（闵婕等，2016；侯志华等，2020）。同时，高程、坡度、河流等自然条件，人口、交通、城市辐射距离、民族特征、经济发展等社会经济条件，地区发展历史条件及相关政策因素等（霍仁龙等，2016；刘志林等，2021）对不同地区聚落分布和空间格局变化产生着重要影响。伴随城镇化和工业化发展，聚落空间布局和形态发生较大转变，相关研究较多地集中于特殊的地形地貌区或经济较为发达地区，注重地形因素（坡度、坡向、高程、地形起伏度等）对聚落格局变化的影响，对平原农区空间格局演变研究较少涉及。

（3）聚落与经济发展。由于经济活动在地理空间上分布的不均衡，经济增长、人口规模增加、聚落面积扩张等在城市/城镇地区的发展更快，乡村聚落的增长幅度相对较小，区域发展的差异性使得具有长时期居住历史的聚落演变特征也会有所不同。在此尝试对平原农区聚落空间格局进行研究，在控制地形条件相同/相近的情况下，对研究区聚落规模变化和空间格局变化的分析将更为直观，而对地区间聚落发展差异的分析，可进一步厘清同一地形条件下聚落发展变化的一般特征。

1.1.3 平原农区聚落发展

聚落发展历史悠久，较长时段社会经济发展过程中所形成的聚落规模、聚落分布和空间形态是人们利用自然的一种反映。伴随着城镇化和工业化的快速发展，城乡人口和生产要素的空间流动加剧，城乡聚落规模和空间格局在这一过程中发生着较大变化。开封、商丘、周口人口众多，村庄数量较多，且是我国主要的农产品主产区之一；改革开放之前这一地区尚未进行大规模的工业发展，工业化水平较低，但经过40多年的发展，快速的城镇化和工业化发展使地区聚落发生巨大变化。虽然改革开放以来，我国乡村人口大幅度减少，但较长一段时间内农村聚落依然是农民生产生活的主要场所（李小建和杨慧敏，2017）。以周口为例，郸城县、太康县、鹿邑县均为河南省人口大县，其中太康县2020年总人口数已达165.42万人，以上县域范围内的自然村数量多达2000多个，但城乡聚落规模差异较大，城镇化过程中发展程度也存在较大县域差异。

结合已有关于聚落的研究，本书关注传统平原农区的聚落发展，对其规模和空间格局变化情况进行分析。第一，平原地区地势平坦，作为传统农区，地区聚落发展历史悠久，通过区域聚落斑块数据的获取，可以有效地进行城乡聚落体系的分析，且基于均质平原这一前提假设条件，对克里斯泰勒（Christaller）中心地体系的实证研究具有重要的理论意义。第二，已有关于聚落的研究注重地形因素对聚落分布的影响，在地形条件相同的情况下，基于市域、县域和乡镇尺度的分析可对城乡聚落空间格局特征及其演变过程进行深层次探究。第三，中国的快速城镇化必然导致聚落规模和空间格局的变化，随着城镇化发展，非农产业在城镇逐渐集聚，农村人口向城镇逐步集中，城镇的规模结构、空间结构、乡村聚落格局等也随之发生变化。关注城镇化背景下聚落规模分布和空间格局的变化，可在一定程度上为聚落未来发展提供参照，也可为平原地区城乡聚落的合理布局和科学规划提供参考。

《国家新型城镇化规划（2014—2020年）》中指出，“要优化城镇化空间布局和城镇规模等级结构”，同时“有重点的发展小城镇”，城镇聚落发展的同时，也应重视乡村聚落的发展，二者相辅相成，不可偏废其一。2018年1月，《中共中央、国务院关于实施乡村振兴战略的意见》发布，进一步明确新时代乡村振兴战略实施的总体要求，即“产业兴旺、生态宜居、乡风文明、治理有效、生活富裕”（新华社，2018a）。2018年9月，中共中央 国务院印发的《乡村振兴战略规划（2018—2022年）》中提出“构建乡村振兴新格局”，明确提出要“统筹城乡发展空间，通盘考虑城镇和乡村发展”“完善城乡布局结构”“优化乡村发展布局”（新华社，2018b）。从乡村振兴战略的现实需求出发，亟须重视对传统农区城乡聚落空间格局发展的分析与研究。对传统农区城乡聚落规模和空间格局演变特征及其影响因素的分析，对于指导地区城镇与乡村统筹发展、缩小城乡发展差距、推动城乡一体化发展亦具有重要的实践意义。

1.2 研究问题及研究范围界定

1.2.1 研究问题的提出

河南省人口较多，农业人口占比较高，16.7万平方千米的土地上居住着11526万人，分布着183556个村庄[①]，且城乡发展差异

① 资料来源：中华人民共和国住房和城乡建设部《2020年城乡建设统计年鉴》，https://www.mohurd.gov.cn/gongkai/fdzdgknr/sjfb/index.html.

大，2020年城镇居民人均可支配收入是农村居民人均可支配收入的2.16倍①。河南乡村发展是中国聚落发展的一个缩影，有别于山地、丘陵地区自然地理环境条件对聚落发展的制约，以平原地区城乡聚落作为对象进行分析和研究更能厘清和明晰区域内聚落发展变化的一般特征，据此得出相应的研究结论和所获经验对其他传统农区聚落发展具有一定借鉴和指导意义。因此，结合传统平原农区聚落发展的实际情况，本书的分析旨在厘清在这一发展过程中，我国传统平原农区聚落规模分布的变化特征是什么？城乡聚落的空间格局如何变化？经济发展对县域单元聚落规模分布有何影响？哪些因素影响着平原农区聚落规模和空间分布？在这四个问题的基础上，书中以豫东平原地区的主体区域开封市、商丘市、周口市作为研究区。

1.2.2　研究范围的界定

豫东平原地区涵盖范围较大，其西起太行山和伏牛山的东缘，东部和北部直抵河南省界，南北长500千米、东西宽100~260千米，占全省总面积的45%左右，该平原又可分为黄河冲积平原和淮河冲积湖积平原②。在此选取地处河南省东部的开封、商丘、周口作为研究区域，这一区域既是豫东平原的主体区域，且区域范围内主要是黄河冲积平原区，地势差异较小。书中使用1972~2015年的聚落斑块面积数据对传统农区平原聚落的数量变化、规模分布和空

① 资料来源：河南省统计局《河南统计年鉴2021》，https://tjj.henan.gov.cn/tjfw/tjcbw/tjnj/.

② 资料来源：《河南大辞典》：地理·十五画【豫东平原】[M/OL]. 北京：新华出版社，1991，http://www.hnsqw.com.cn/sqsjk/dqwx/hndcd/.

间格局变化等进行研究，并借助于两次全国地名普查数据中的人口数据对研究区聚落规模分布情况进行进一步的分析，在此基础上深入分析城乡聚落的空间格局变化和聚落空间结构演变，并结合区域发展情况对影响聚落规模和空间分布变化的因素进行研究。

1.3 研究意义

聚落形态千差万别，聚落规模相差悬殊，大至拥有上千万人口的特大城市，小到只有三家五户的小村落。乡村聚落是以农业活动和农业人口为主的居民点，规模相对较小；城市是以非农业人口为主的聚落，规模相对较大，同时也是一定地域范围内的政治、经济、文化中心。乡村聚落和城市聚落在规模、行政职能、空间形态等方面均存在差异。纵观人类社会发展历程可以发现，人类聚居地的演变首先是出现小规模的居民点，然后随着人口在空间上的集聚和商品交流而逐渐发展成为规模稍大的集镇，继而在人口流动加强、商品经济产生和发展壮大的过程中，逐渐地在一定的地域中心形成城市聚落。故此，将研究视角切换至城乡聚落发展变化，通过对豫东平原地区的开封、商丘、周口的聚落发展进行分析，其研究意义主要体现在以下三个方面：

（1）长时段聚落发展过程的分析可以更好地解释复杂的人地关系作用机制。无论是城市聚落，亦或是乡村聚落，其均为人类居住、生产、生活的地域空间集聚点，它们的形成、发展与演化不同程度地受到自然、社会、经济、文化、习俗、政策制度等多种因素的影响和作用。在此尝试基于人地关系视角关注我国传统农区聚落发展变化，在这一发展过程中我国同时经历着快速的城镇化发展，书中对聚落数量、规模和空间格局变化特征进行研究，试图对农区聚落的未来发展趋向提供借鉴，同时补充对传统农区城乡聚落发展与自然环境和社会经济关系的研究。

（2）对传统平原农区聚落规模等级体系分析，探究中心地等级结构在研究区的适用性。研究区位于河南省东部，属于黄河中下游平原区，地势平坦，土壤肥沃，是我国主要的传统农产品主产区之一，较早时期即有居民在此居住和生活，具有长时段的居民居住历史。这为长时段聚落研究提供了基础，而均质平原地区作为克里斯泰勒中心地理论的前提假设条件，借鉴已有关于聚落等级体系结构的研究成果对平原农区聚落规模等级体系进行分析，探究平原地区城乡聚落规模体系的发展变化，以进一步验证市场原则下中心地理论在传统农区的适用性。

（3）聚落规模变化的同时，聚落空间格局也有较大变化，对城乡聚落时空变化的分析可以进一步明晰聚落发展过程，对于指导聚落规模体系、空间格局和空间结构的合理发展至关重要。已有研究较多的是关注地形因素对聚落发展的影响，对于同一地形条件下不同经济发展水平县域单元的聚落分布和规模变化的研究关注不够。城镇化和工业化发展可促进城镇经济实力，以城镇发展带动乡村发展的能力也会逐步增强，城乡聚落受经济发展影响较大。在乡村振兴战略提出与实施的背景下，关注地区经济发展与聚落发展的差异，通过对豫东平原地区城乡聚落发展的实证分析，重视区域城镇聚落、乡村聚落发展和变化的过程，对于城乡融合发展、缩小城乡发展差异和科学规划聚落规模具有重要的现实意义。而对于平原农区城乡聚落时空变化的分析，注重聚落体系空间结构的变化，对平原地区聚落的空间发展、聚落体系的结构优化和未来村落的发展方向等具有一定的指导意义。

古往今来，任一聚落的选址均是在考虑多重因素之后综合决策的结果。经过几千年的历史演变，聚落规模、聚落分布、聚落空间结构等由于区域自然环境、资源要素、社会经济发展状况、地区发展政策等的不同而存在一定的区域差异。本书对豫东平原地区开封、商丘、周口聚落规模、空间格局的分析对于人地关系协调发展和未来聚落的合理化发展均具有重要理论意义和实践意义。

1.4 研究思路与研究内容

1.4.1 研究思路

结合城镇化快速发展和乡村振兴战略实施这一时代背景，在此对豫东平原地区城乡聚落的规模变化、空间格局变化特征、聚落变化的地区差异、影响因素等进行研究。聚落作为人地关系地域系统研究的基本单元，其规模变化和时空格局演变涉及经济学、地理学、生态学等多个学科。故此，基于学科综合交叉的视角，循序展开研究。

（1）研究区域选择和数据获取。基于豫东平原地区的自然地理条件，选取开封、商丘、展开三个地级市作为研究区域；同时根据区域聚落发展的实际情况，结合地区城镇化发展水平，对研究区聚落规模和空间格局演变研究所选取的时间节点为1972年、1995年和2015年，研究区选取依据将在第3章有更详尽地阐述。

（2）基于不同尺度对平原地区聚落空间格局演变的分析。地区社会经济发展状况不同，区域内聚落规模和时空格局演变的特征也会有所差异。相对于较多山地类型区域聚落发展变化的研究，在此以我国传统农区的开封、商丘、周口作为研究区域，详细分析平原地区市域、县域聚落规模和空间格局的变化趋势和特征。

（3）聚落发展的影响因素分析。聚落空间分布和空间格局的变化是多种因素综合影响结果的空间表现。在关注研究区域城乡聚落发展变化特征的同时，也注重对聚落演变相关影响因素的分析，譬如，区位交通、社会经济发展、中心城市发展、政府政策等。通过对聚落发展影响因素的分析，为平原农区聚落体系发展和乡村振兴发展提供一定的借鉴和建议。

结合以上研究思路，对豫东平原区聚落规模和空间格局变化进行研究，在地形图、遥感影像数据、社会经济发展数据和实地调研数据的基础上展开，综合运用GIS空间分析技术、遥感影像数据处理（ENVI）技术、Stata空间计量模型、统计产品与服务解决方案（SPSS）数理统计分析等方法，对城镇化过程中传统平原农区城乡聚落的规模变化和空间分布变化、聚落景观格局演变情况等内容进行分析，并对其影响机制进行探究，以进一步分析聚落规模变化趋势和空间格局演变态势。研究技术路线见图1-5。

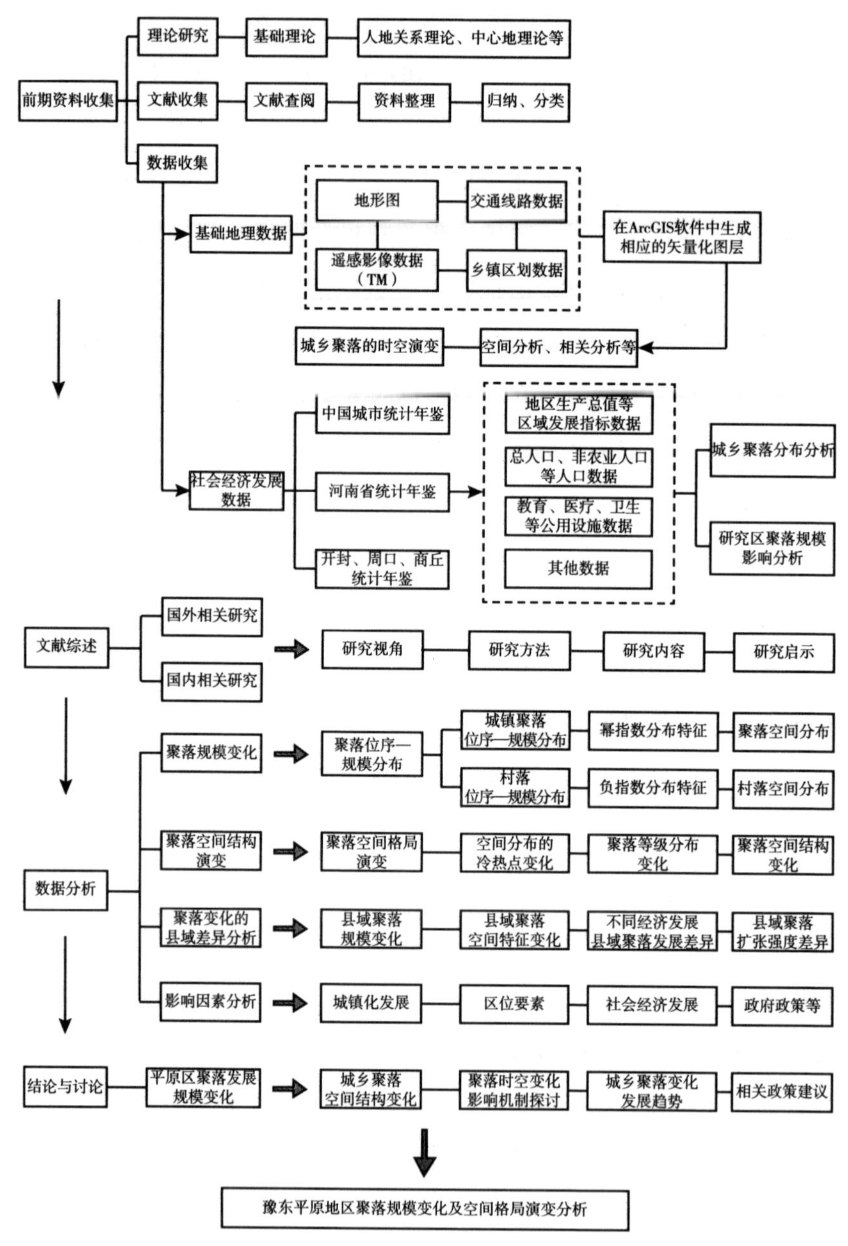
前期资料收集
理论研究
基础理论
人地关系理论、中心地理论等
文献收集
文献查阅
资料整理
归纳、分类
数据收集
基础地理数据
地形图
交通线路数据
遥感影像数据（TM）
乡镇区划数据
在ArcGIS软件中生成相应的矢量化图层
城乡聚落的时空演变
空间分析、相关分析等
社会经济发展数据
中国城市统计年鉴
河南省统计年鉴
开封、周口、商丘统计年鉴
地区生产总值等区域发展指标数据
总人口、非农业人口等人口数据
教育、医疗、卫生等公用设施数据
其他数据
城乡聚落分布分析
研究区聚落规模影响分析
文献综述
国外相关研究
国内相关研究
研究视角
研究方法
研究内容
研究启示
数据分析
聚落规模变化
聚落位序—规模分布
城镇聚落位序—规模分布
村落位序—规模分布
幂指数分布特征
负指数分布特征
聚落空间分布
村落空间分布
聚落空间结构演变
聚落空间格局演变
空间分布的冷热点变化
聚落等级分布变化
聚落空间结构变化
聚落变化的县域差异分析
县域聚落规模变化
县域聚落空间特征变化
不同经济发展县域聚落发展差异
县域聚落扩张强度差异
影响因素分析
城镇化发展
区位要素
社会经济发展
政府政策等
结论与讨论
平原区聚落发展规模变化
城乡聚落空间结构变化
聚落时空变化影响机制探讨
城乡聚落变化发展趋势
相关政策建议
豫东平原地区聚落规模变化及空间格局演变分析

图 1－5　研究技术路线

1.4.2 研究内容

书中对豫东平原地区的开封、商丘、周口近40年间的聚落规模和空间格局变化进行分析。主要研究内容如下：

第1章是绪论部分，主要是阐述本书的选题背景、研究问题与研究意义。城镇化进程中聚落发展变化呈现出典型的同时特征，对我国传统农区聚落变化特征的研究有助于厘清长时段内聚落变化的一般规律。结合选题背景和研究问题的提出，对具体的研究思路进行梳理，并对技术路线进行论述。

第2章是聚落研究文献综述与理论基础。主要从聚落相关的区位理论研究、国内外聚落相关研究等方面对诸多文献进行梳理和述评，在此基础上梳理国内外诸多研究对此选题的启示，并对聚落发展的相关理论基础进行阐述。

第3章是研究区概况、选取依据和数据来源。先是对研究区域概况进行说明，并对区域选取依据进行了详细的阐述。然后对研究所使用数据的主要来源进行具体说明。

第4章是研究区聚落数量及规模变化。根据已获取聚落斑块面积数据对研究区聚落数量和规模变化情况进行分析，主要借助于频数统计、景观格局指数、位序—规模法则等方法，并对区域内聚落规模等级变化进行分析，对聚落数量变化情况进行分析。

第5章是研究区聚落空间格局变化。首先是对研究区聚落空间格局变化的分析，主要从聚落空间变化、聚落空间分布模式、聚落等级空间分布、中心地等级体系分析等方面进行，据此对区域内聚落空间格局的变化特征进行总结。

第 6 章是对研究区聚落变化的县域差异分析。本章先对研究区县域层面上聚落规模、规模分布变化进行分析，然后对聚落空间分布模式和聚落空间扩张强度进行分析，在此基础上尝试通过不同县域的分析去总结聚落规模变化的一般性特征。

第 7 章是对研究区聚落规模和空间分布影响因素分析，先对区域内聚落变化的影响机制进行探讨，然后通过指标选取对聚落规模的影响因素进行分析，并从河流、区位交通、中心城市发展三个方面探讨其对聚落分布的影响。

第 8 章是研究讨论与聚落发展建议。根据已有分析内容，梳理研究的创新点，并结合聚落发展现状进行探讨，对聚落发展提出有效发展建议，进而适当指出下一步研究的侧重点与方向。

第 2 章

聚落研究文献综述与主要理论基础

2.1 聚落概念

"聚落"一词，最初来源于德语，被直译为居住地（张文奎，1986）。聚落约起源于旧石器时代中期，随着人类文明的进步逐渐演化。它的出现是由于人类生存的需要，最初是零散的、流动的孤立居住地，后来随着社会经济的发展而逐渐集聚，向规模的、固定的居住地转化。

一般情况下，聚落是人类各种形式的聚居地的总称。"聚落"一词在古代主要指村落，譬如，《汉书·沟洫志》中记载："或久无害，稍筑室宅，遂成聚落。"随着人类文明的进步和社会经济的发展，人类聚居地的形态、规模及空间结构也在不断发生着变化。在近代，"聚落"泛指一切居民点，既包含有规模较大的城市、集镇，也包含着规模相对较小的村落、居民点。同时，聚落是人类利用自然、改变自然环境的产物，是人们居住、生活、休息和进行各种社会活动的场所，也是人们从事生产的场所，其对所居住的地理环境和人类的经济活动也在不断发生作用。它是人类活动的中心，也是地表重要的人为营造景观，其使用的建筑材料、分布位置、空间形态、时空演化以及影响因素等，都是人地关系的集中反映（白吕纳，1935）。因此，它是人文地理科学研究的重要内容之一。

聚落可以被划分为乡村和城市两种人类聚居地（金其铭，1984）。城市聚落在诸多的研究中被称为城市或城镇，它主要是由乡村聚落发展而来的，是社会经济发展到一定时期的产物，不同的学科具有不同的理解。在中国，“城”最早是一种大规模永久性防御设施，“市”是商品交易的场所，“镇”在宋代时期才摆脱军事要塞的作用，以贸易镇市出现在经济领域，成为县治和农村集市之间的一级商业中心，近现代也逐渐成为行政区域单元和起着联系城乡经济纽带作用的较低级的城镇居民点。地理学认为，镇和比镇大的居民点是城镇型的居民点，统称为城镇，主要是以非农业活动为主的人口聚集地（许学强等，2009）。乡村是指乡村地区人类各种形式的居住场所，即村落或乡村聚落。周国华等认为（2011）农村聚居是农村居民与周围自然、经济、社会、文化环境相互作用的现象与过程。乡村聚落，也可称为乡村居民点，主要是指在地域和职能上与农业密切相关的人口聚居地（李瑛和陈宗兴，1994）。从空间范围上看，聚落主要是散落分布于乡村地域上的一些固定居民点，包括村庄（自然村与中心村）与集镇（一般集镇与中心集镇）等形式，是农民生产和生活的重要场所。

在《辞海》中，“聚落”一词被解释为“人聚居的地方”及

"村落"。在《现代地理学辞典》中，"聚落"一词被定义为"是人类为了生产和生活的需要而集聚定居的各种形式的居住场所，包括房屋建筑的集合体，以及与居住直接相关的其他生活设施和生产设施"。因此，结合并参照相关对聚落的定义，我们认为聚落是人类聚居和进行各种社会活动的中心和场所，是在遥感影像中根据波段可以识别的聚落单元，通过矢量化可得到聚落斑块数据。城镇聚落和乡村聚落可以从人口、产业、形态等多方面进行区分。文中对聚落的界定，主要指的是广义的聚落，即包括城镇聚落和乡村聚落的不同形式。

2.2　聚落相关研究综述

2.2.1　聚落规模研究

2.2.1.1　聚落规模分布

聚落规模随着地区人口数量、经济发展水平和规模程度的变化而变化。当乡村聚落在达到一定的人口数量、经济水平和规模程度时建立的规模大于乡村和集镇的以非农业活动和非农业人口为主的更高级的聚落形式，即为城市。城市一般人口数量大、人口密度高、公共基础设施相对完善，是一定地域范围内的政治、经济和文化中心。早在1913年，位序—规模法则已被奥尔巴克（Auerbach，1913）证实适用于城市聚落体系，即城市规模服从帕累托（Pareto）分布的规律，后经由齐夫（Zipf，1949）的实证研究而被诸多学者所广泛接受。齐夫的研究认为，一个国家的城市规模不仅服从帕累托分布，而且帕累托指数为1，这一命题被称为齐夫定律（Zipf's Law）。加贝克斯（Gabaix，1996）也认为齐夫法则是社会科学中“最引人注目的实证结论之一”。

对齐夫定律的实证检验研究相对较多（Carroll，1982；Batty，2008；Basu and Bandyapadhyay，2009；Chen and Zhou，2003；Chen，2009），譬如，有学者利用跨国数据对各国的城市分布特征进行比较发现，有少数国家的帕累托指数在统计意义上等于1，其他国家帕累托指数则在1附近波动分布（Rosen and Resnick，1980；Soo，2004）。也有学者在全球层面上的分析发现所有自然城市（natural city）可以很好地符合齐夫定律，大陆层面上也几乎完全有效，仅非洲在特定时期不符合（Jiang et al，2015）。事实上，包括美国在内的所有国家均表明齐夫定律并不像全球层面那样完全拟合（Jiang et al，2011；Jiang et al，2012）。这是由于在齐夫定律的比较研究中，样本大小的选择是至关重要的（Brakman et al，2004）。此外，对城市规模分布的一些实证研究也表明齐夫定律和等级标度律之间相互关联，且齐夫定律经过严格的数学变换后，可以转化为等级标度定律（Chen，2012）。学者们也尝试将齐夫分布加以引申，对县域尺度聚落等级规模变化情况进行研究（李小建等，2015；罗庆等，2018；李智等，2019）。

同时，也有部分研究关注于乡村聚落规模分布变化（Baker，1969；Burtchett，1969），且这些研究证实齐夫所提出的城市位序—规模法则并不适用于乡村聚落。与齐夫定律不同的是，索尼斯和格罗斯曼（Sonis and Grossman，1984）提出了分析乡村聚落位序—规模分布的方法，他们所提出的位序—规模法则将双对数坐标图上的凸曲线转换为半对数坐标图上的直线，并基于撒玛利亚（Samarian）村镇的人口数据进行实证检验，结果证实多数聚落位于半对数坐标图的拟合直线上，并且对于乡村聚落规模而言存在一个特定的最优规模。卫春江等（2017）对平原农区村落规模分布的分析发现，乡村位序—规模法则优于城镇位序—规模法则；黄万状和石培基（2021）对河湟地区乡村聚落规模分布的分析则发现位序累积模型的适用性较好，而乡村位序—规模法则则不适用。

同时，中心地理论描述城市体系的等级结构，位序—规模法则是描述城市/乡村聚落的规模分布服从帕累托分布。穆利根（Mulligan，1981）使用中心地模型对城镇化率与位序—规模分布之间的关系进行了研究。同时，也有学者借助于均衡进入模型，将城市视为企业的集合，基于微观视角对中心地理论进行分析，并对城市何种情况下服从齐夫定律进行研究，结果发现，城市规模差异的主要驱动力为运输成本和规模经济的权衡，中心地等级结构意味着在企业间也存在着等级，企业规模也近似服从齐夫定律（Hsu，2008）；当城市中布局有工业时，城市数量和城市平均规模之间是一种对数线性关系（Hsu，2012）。中心地系统中人类聚落的数量、规模和不同地区聚落之间的距离等都可描述为三种幂律形式，而服从三种幂律则意味着异速生长关系和分形（Chen，2011）。也有学者证实，中心地系统空间结构的理论维度是2（Chen，2013），但由于城市和小城镇的实际模式并不是空间均匀分布的，其实际维度是分数而不是整数（Chen and Zhou，2006）。

2.2.1.2　聚落规模变化

在地区社会经济发展过程中，聚落规模会有较大变化。譬如，农村工业化的发展致使大量人口集中居住，所形成的新聚落规模不断扩大，原有的小村落逐步废弃并消失，造成乡村聚落结构的根本改变（Ruda，1998）。对于中国聚落而言，聚落规模和空间分布受到传统因素和经济发展双重因子的影响，且经济发展的影响愈加凸显（杨忍等，2016）。不同时期社会经济的发展直接影响乡村聚落的发展演化，明朝中期之后，经济的繁荣及商业贸易的发展推动部分县域聚落空间层次结构的发育（宋晓英等，2015）。进入20世纪90年代，国家经济体制改革重心转移，乡镇企业等集体经济创业优势不再重现，江苏省镇区用地规模偏小而人均用地面积超标（高珊和张小林，2005）；而20世纪90年代的前五年沿海地区房地产开发及经济技术开发区的设立促进城镇扩张，并带动区位条件较好的沿海地区农村居民点扩张，而后五年经济发展速度放缓，沿海地区农村居民点扩张速度也随之放慢（Tian et al，2003）；苏南地区农村人均住房面积也随着人均国内生产总值（GDP）和农村人均纯收入的增长呈现幂指数增长态势（李红波等，2015）。聚落占地率随着距中心城区距离的增加而下降（曹云龙等，2011），贫困县范围内居民点空间分布离散度与地区农民纯收入有所关联（李贺颖和王艳慧，2014）。此外，对于典型山地聚落，以旅游业为代表的现代服务业已逐步成为部分古村落空间重构的主导因素，产业结构的提升则是其转型调整的内在驱动力（李海燕等，2014）。

城镇化的发展过程中，城镇和乡村聚落规模均会不断发生变化。城镇化进程中，城市对乡村的辐射范围和强度逐步扩大，城镇用地的快速扩张加速了周边村落的整合，从而使得城镇规模不断扩大，而周边聚落“被城镇化”（李骞国等，2015）。城镇化的发展也改变着我国几千年以来的聚落发展模式，有研究表明衡量聚落规模集散程度的基尼系数（Gini coefficient）增加显著，且增长率在 20 世纪 90 年代后加速，该时期农区城镇化也处于加速发展阶段，可见当地城镇化发展过程与此具有较为密切的关联（李小建等，2015）。也有学者发现，在山区城镇化过程中，乡镇政府所在地作为该区域的行政中心，其面积扩大明显，是聚落景观变化最为剧烈的地区（余兆武等，2016）。近年来，随着城市化过程的加速，苏锡常地区城镇聚落规模不断扩大，其大致经历了聚落规模快速增长、缓慢增长和快速增长 3 个阶段（杨雪姣等，2009）；豫东平原地区的聚落规模也逐渐增加，且较大规模聚落稳步增长，小规模聚落则趋于减少（罗庆等，2018）。由此可见，城镇化过程中聚落规模发生着较大变化，城镇化的发展不同程度地促使聚落规模增长。

地形条件是农村居民点初始区位形成的基础，也是影响农村聚居规模大小与形态的重要因素（周国华等，2011）。有研究发现，随着高程上升、坡度增加，中部农区县域内的农村居民点总体规模、斑块平均规模均有所减少，200～500 米高程范围、坡度 $<6°$ 的地区聚落面积增加显著（海贝贝等，2016）。不同研究区域的分析也均证实乡村聚落有较大比重分布在地势平缓、起伏较小、水土流失轻微的地区（任平等，2014），亦即居民点空间布局的低地指向性明显。随着时间推移，平原区和丘陵区居民点斑块面积增加明显（陈永林和谢炳庚，2016；谭雪兰等，2016）。同时，黄土丘陵沟壑区聚落规模的扩张受地形的严重限制，村庄扩展主要趋向于山前平

地或地形相对宽阔平坦之处（郭晓东等，2008）。新疆绿洲地区的乡村聚落规模小，其空间分布呈现出道路指向、邻近河流等特征，且坡度、高程、气温等也对其有所影响（林金萍等，2020）。而洪泛平原区，地形因子制约着区域内居民点的空间分布，居民地分布相对集中于洪水风险较小的高程范围内（徐雪仁和万庆，1997）。可见，地形是影响聚落规模变化的重要因素之一。在地形条件相同的情况下，对平原地区聚落规模变化的研究有所欠缺。

2.2.2 聚落形态及类型研究

聚落形态、聚落类型作为聚落研究的重要组成部分，其研究成果相对较多。早在1841年，德国地理学家科尔（J. G. Kohr）在《人类交通居住与地形的关系》一书中，已经注意到对不同种类的聚落进行比较研究。然而，由于区域资源禀赋、社会经济发展、地形条件等方面的差异，对于聚落类型的划分难以有有效的方式或方法，国外学者在乡村聚落类型和分类标准方面进行了大量的研究，并提出相关类型划分的指标体系。

德芒容（Demangeon，1939）根据乡村聚落个体形态，并结合法国农村的居住形式与农业职能之间的关系，将乡村聚落的类型划分为长型、块型、星型、趋向分散的村庄四种类型。克里斯泰勒（Christaller）在研究中将村庄类型划分为不规则的群集村庄和规则的群集村庄，进一步对规则的群集村庄划分为街道村庄、线形村庄、庄园村庄等类型（陈宗兴和陈晓键，1994）。国际地理联合会曾提出了包括功能、形态位置、起源及未来发展四个基本标准的乡村聚落一般类型的划分方法，该方法对乡村聚落的分类使得该方面研究的理念有了突破性发展（1979）。聚落形态反映的是城镇/乡村聚落在空间上的表现方式。有学者在对欧洲不同地区村庄研究中归纳出国外农村居民点的空间分布有规则型、随机型、集聚型、线型、低密度型和高密度型 6 种类型（Michael，2003）。自 1921 年奥罗休（Orohugh）提出城市型聚落的定性描述分类之后，聚落分类经历了一般描述、统计描述、统计分类等过程。也有学者根据研究区域所在地区文化、人口状况、自然地理环境等的差异，对乡村聚落类型分别进行研究（Trewartha，1946；Wolfe，1966）。

聚落形态是聚落用地的平面形态，是聚落景观与内部组织的直观表现。对于我国聚落发展而言，聚落形态存在较大区域差异。山地地区由于受自然地理条件和环境约束，乡村聚落的布局多以散居为主（鲁西奇和韩轲轲，2011），丘陵高原区的乡村聚落多表现为集聚型、松散团聚型、散居型的分布格局（李瑛和陈宗兴，1994；马利邦等，2015），黄土丘陵沟壑地区乡村聚落的区位已演变为河谷阶地区位、坡麓坪地区位、谷坡台地区位和黄土墚峁区位等多种类型（郭晓东等，2008），乡村聚落形状可以细分为块状矩形及其变种、延伸形、哑铃形和串珠形、带状矩形及其组合、线形 5 种（王天宇等，2022）；平原地区的乡村聚落则多为团状、带状和环状的分布格局（金其铭，1988），江汉平原聚落空间布局则是形成了以均衡镶嵌型为主的“二类四型”聚落形态（黄亚平和郑有旭，2021）。根据聚落发展趋向与城乡空间演变特征的差异性，有学者将城市化进程中乡村聚落类型归纳为主动型（包括逾越发展式、集聚扩展式、无序扩张式）、被动型（包括被包围的乡村聚落和被撤并的乡村聚落）和消极型（邢谷锐等，2007）。东部沿海地区乡村聚落受经济发展影响主要是农业主导、工业主导、商旅服务和均衡发展四类（龙花楼等，2009）。农牧交错带聚落形成则经过择优生成期、缓慢增长期、快速扩展期、形成回落期四个阶段（斯琴朝克图等，2016）。

经过长时期的发展研究，聚落的分类从定性描述已逐步转向定量分析，对聚落分类的研究也更为具体化。譬如，利希特尔和约翰逊（Lichter and Johnson，2006）对美国新移民的地理分布及其农村居住模式进行分析；利纳尔等（Linard et al，2012）对非洲 2010 年人口分布、乡村聚落类型与可达性进行分析；达维多娃（Davydova，2013）则通过俄罗斯联邦奔萨州大学生视角对研究区乡村聚落类型进行划分。

2.2.3 聚落空间格局研究

2.2.3.1 聚落空间分布

聚落受经济、社会、历史、地理等诸多条件的制约，在空间上具有不同的格局。早期国外关于聚落布局的研究发现，乡村聚落的选址一般多位于土壤肥沃、气候温和、地形平坦、可达性相对较好的地方（Michael，2003）。他的研究发现，村庄周围自然环境相对较差的地区，村庄的分布密度也相对较低；而村庄周围土地优良的地区，居民点呈现集聚型分布。随着社会经济的发展，工业、商业、旅游业的发展使得聚落区位及空间布局发生变化（Elvin et al，1974；Gustafson，2005；Oldfield，2012），聚落扩展或新建主要邻近交通线路，或沿经济活动带分布（Banski，2010），旅游业、工业等的发展也在逐渐引起聚落区位微观层面上的调整和变化（Knapp，1992）。中国西南岩溶地区由于农户的外迁使得中部峰丛洼地区通达性较差的部分小规模聚落消失并逐渐空心化（李阳兵等，2012）；西南哈尼梯田区不同民族的聚落格局存在显著差异，如彝族聚落布局受气温影响较大，而汉族、哈尼族、傣族则是降水量（刘志林等，2021）；黄土丘陵地区在距离道路和河流 1000 米范围内是乡村聚落发展的主要集聚区（李骞国等，2015），而黄土丘陵沟壑地区的大中型、集聚型、商品经济型和半商品经济型乡村聚落主要分布在河谷川道地区，而小型、分散型、传统农业型和劳务输出型乡村聚落主要分布在黄土丘陵山区（郭晓东等，2013）；吉中低山丘陵地区农村居民点用地低坡度指向性和靠近河流、公路分布的空间格局特征没有改变，但受城镇吸引而集聚的特征愈加明显（李冬梅等，2016）；中部农区巩义市区域内的聚落在空间上表现出沿河线状格局变化，且区域内核心聚落呈现出转移替代的特征（李小建等，2015）；新疆绿洲乡村聚落空间布局表现出邻近乡镇中心、道路、河流的指向特征（林金萍等，2020）。

近年来，乡村工业化与城市化的快速发展，也进一步促使乡村聚落空间结构和聚落空间体系发生较大的改变（Ruda，1998；Carrión-Flores and Irwin，2004），城市化形成的村镇网络是乡村景观演变的重要因素之一（Antrop，2004）。也有学者认为土地转型、农业实践的改变、技术创新、城市增长的影响和全球市场的变化是造成乡村聚落景观变化的主要影响因素，这些变化和环境退化相关联，进而改变着乡村景观特征（Kaya，2013）。同时，作为人地关系地域体系研究的重要内容之一（谭雪兰等，2015），对聚落格局演变过程的研究对探讨过去土地利用变化中人类与环境之间的关系有着重要作用（曾早早等，2011；王杰瑜，2006；朱圣钟和吴宏岐，1999；鲁思敏和张莉，2021）。

2.2.3.2 聚落空间重构

聚落体系发生变化的过程中，乡村重构研究也随之引起诸多学者的重视，相关研究主要涉及聚落重构、空间重构、聚落社会经济重构等方面（Kiss，2000；Halfacree，2006；李红波和张小林，2012）。在城镇化快速发展的宏观背景下，我国的乡村发展正在进入一个新的发展阶段（刘彦随，2007；Long et al，2011），乡村聚落的发展受到各种内外因素的共同作用，引起聚落空间格局出现阶段性的改变，这是乡村转型发展的过程，传统乡村的一些特征逐渐发生转化，在经济上从农业向非农业转型、聚落斑块从乡村型向城镇型发生转化、空间从分散型向集聚型转变、社会构成上农民分化和乡村文化发生转型（张小林，1998）等。有学者认为，乡村聚落空间重构可定义为“聚落空间结构的重新布局和调整”，赣南地区聚落重构的基本思路是初期阶段进行景观要素的重建，中期阶段进行聚落结构上的重组，后期阶段则是最终实现聚落功能上的重塑（陈永林和谢炳庚，2016）；苏南地区乡村聚落空间重构受乡村系统内外综合因素共同作用，城镇化、工业化、政府调控、乡村自身的更新改造和空间生产等因素均不同程度地影响着乡村聚落的空间重构（李红波等，2015）；伴随着苏南地区聚落功能的三次转型，乡村生产和生活的空间分化将会日益明显（王勇和李广斌，2011）。

聚落空间重构和整治由于地区经济发展、区位条件、自然禀赋等方面的差异，其类型也有所不同。有学者认为，当前中国农村居民点重构的典型模式主要有两种，即“城镇化引领型”和“村庄整合型”（刘建生等，2013）。但由于区域之间存在差异，聚落重构类型也会进一步细化。譬如，黄土丘陵区兰州市七里河区聚落空间格局优化呈现出三种模式：城镇化整理型、集聚发展型和迁移型（李骞国等，2015）。厦门灌口镇乡村聚落则以功能为导向，其乡村聚落景观空间重构划分为Ⅰ类生态涵养式重构模式、Ⅱ类乡村社区化重构模式、Ⅲ类乡村产业化重构模式和Ⅳ类生态约束发展型四种重构模式（梁发超等，2017）。也有部分地区农村居民点整理属于政府主导型组织模式，形成滚动式搬迁和城镇培育型相结合的运作模式（赵茜宇，2016）。岩溶山地地区的后寨河流域聚落整治类型评价划分为重点村镇型、优先发展型、有条件扩展型、限制扩展型和弃迁型（李阳兵等，2016），而对于旅游业较为发达的环洱海地区，其乡村聚落优化模式大致为城镇转化型、优先发展型、特色发展型、引导发展型及弃迁型（李君等，2016）。也有学者认为旅游乡村聚落空间重构过程代表着中国新型城镇化的重要发展类型和理想的模式（席建超等，2016）；世界遗产地乡村聚落转型发展所形成的“原地生长型”“就地重建型”“景村共生型”三种转型发展模式对促进遗产地可持续发展具有重要意义（杨兴柱等，2020）。对于中国山区聚落而言，其空间重构存在着主体多重、目标多元、模式多样化等典型特征（冯应斌和龙花楼，2020）。同时，乡村聚落空间重构折射着现代社会生产方式、经济结构、社会结构等宏观环境的变迁，在重构过程中应正确处理人口—土地—产业之间的关系

（屠爽爽和龙花楼，2020）。

2.2.4 聚落分布影响因素研究

2.2.4.1 自然因素

人与自然关系的研究是近代地理学产生的起源点和发展的基础（郑度，2002）。早期关于聚落布局的研究较多关注自然因素的影响（Chisholm，1964）。自然环境影响着居民居住地的选择，良好的地势条件和资源环境状况是聚落形成的基础。乡村聚落的发展与水系的变动关系密切（梁帅和高峻，2010）。在中国黄土丘陵沟壑地区，当聚落空间扩展受到地形条件限制或村庄腹地土地难以维持其基本生存需求时，乡村聚落发生跳跃性扩散并逐渐形成新的村庄（郭晓东等，2008）。赣南乡村聚落空间演化存在着明显的低地指向、河流指向模式（陈永林和谢炳庚，2016），掌鸠河流域的中下游河谷地带是聚落密度最大的区域，高程 2200 米和 2500 米、坡度 20°是聚落空间扩展的重要界线（霍仁龙，2016）。山西传统村落的选址也更倾向于地形平缓、靠近水源的河流谷地（孙军涛等，2017）。岩溶山地大规模聚落和较大规模聚落主要分布在耕地条件较好的中部峰丛洼地区的东、西两侧（李阳兵等，2016）。南疆沙漠绿洲的传统聚落对地区内部的水资源较为依赖，山地聚落布局的“依山就势”特征明显（贾苏尔·阿布拉等，2021）。温度对于农村聚落的格局形成也具有显著影响，在热量较高的地理单元内，单位土地生产力水平相对较高，使得同一单位面积的土地资源能够支持相对较高的聚落密度（陶婷婷等，2017）。同时，也有研究表明人地关系是影响沂水县农村居民点时间格局变化的主导驱动力，耕地资源禀赋是其空间格局变化的主导驱动力（张佰林等，2016）。

2.2.4.2　社会经济因素

聚落空间演变是一定地域范围内自然、社会、经济以及特定发展阶段下农户居住区位的选择过程，其形成和发展不仅受到周边自然环境条件的制约，同时还与外部经济环境条件和城乡之间的相互作用有关（李小建，2009）。随着地区社会经济发展，乡村工业化、城市化等对乡村聚落空间布局的影响逐渐加强（Oldfield，2012；Ruda，1998；杨忍等，2016；李君等，2016）。城镇地域扩大和人口集聚是城镇规模变动的外在表现形式（高珊和张小林，2005），人口数量的变化会直接影响聚落规模的变化，而人口增长是乡村聚落空间规模与密度扩大的重要原因之一（陈永林和谢炳庚，2016）。城市经济和农村经济的发展对农村居民点用地规模的扩张、强度及聚落形态的变化等产生着影响（刘玉等，2009；谭雪兰等，2016），这是影响聚落空间布局及演变的重要因素之一。对于半城市化地区而言，城市化近域的外部推进和村庄原居民的内部自我调适影响着聚落空间格局的演化（马恩朴等，2016）。同时，旅游业的持续增长促使传统乡村聚落不断演化为现代旅游度假区，也是这一转变过程的基本动力（席建超等，2016），且旅游业的区域导入也会使得发展背景相同的两个乡村聚落在发展过程中逐渐呈现出相背离的发展态势（王新歌等，2016）。对于黄土高原聚落而言，人均粮食产量、人口数、乡村人口规模等构成了聚落用地规模格局的人文经济驱动力（杨凯悦等，2020）。此外，社会因素方面，地区移民、驻防等（任慧子等，2012；曾早早等，2011）在历史时期也对聚落时空格局的演变产生着重要影响，而对通辽地区长时段聚落发展演变的分析显示，人地关系规律、宏观与微观的人文社会因素共同影响着聚落空间格局的演变（苏都尔等，2021）。

2.2.4.3 区位交通因素

随着社会经济的发展，区位对居民生活和聚落规模变化的影响愈加重要。区域交通状况对聚落的空间分布格局具有重要影响，不同类型、不同等级的交通与乡村聚落景观空间分布存在相关关系。国道、省道和县道与皖北埇桥区乡村聚落景观的空间分布有着正相关关系，铁路、高速公路和农村道路与乡村聚落景观分布则呈现负相关（吴江国等，2013）。同时，交通条件为人类生产、生活过程中物质流、能量流和信息流的获取提供了一条便利的联结纽带（姜广辉等，2007）。乡村聚落用地呈现出较为显著的沿路扩张模式，且距离城镇较近的聚落居多（陈诚和金志丰，2015），聚落扩展或新建主要邻近交通线路，或沿经济活动带分布（Banski，2010）。中国三峡库区农村居民点在三峡工程蓄水前到后三峡时代的空间格局演变受交通的引导作用逐步加强，地形的限制作用则逐渐减弱（闵婕等，2016）。干旱区绿洲内部的城市周边及沿河道、道路也是居民点空间集聚较为明显的区域（师满江等，2016）。广东省乡村聚落在自然因素之外，具有邻近开放型道路的空间指向，且到乡镇的道路交通可达性影响较大（杨忍，2017）。然而，对于我国传统聚落空间分布而言，交通发达程度与传统村落数量之间存在一定的负相关关系，这主要是由于传统村落较多地分布在边界地区（康璟瑶等，2016）。

2.2.4.4 政府政策因素

政府政策对聚落格局演变也具有重要的影响。改革开放初期，包产到户和生产责任制等农业政策的实施可以极大地调动农民的生产积极性，农村住宅逐渐向耕地靠近，聚落空间分散化过程有所加剧（郭晓东等，2008）。中国都江堰地区乡村聚落发展除了受地形因素影响之外，还与国家级风景名胜区、世界文化遗产区等保护政策，农村土地综合整治和灾后重建等规划因素密切相关（任平等，2014）。唐为（2016）通过对我国所有建制市的人口规模分布体系及其演化情况的分析发现，城市发展战略与撤县设区、城市集聚效应等因素对城市人口规模产生着重要影响。同时，聚落的空间布局还可能受到经济发展及当地政府的规划的影响（Cloke，1983；Owen，1996；Robinson，2003），地方政府通过规划而形成的中心村，会对个别区域村镇聚落的发展进行限制，等等。20世纪70年代以来逐渐兴起的乡村聚落规划研究，对聚落空间布局也产生着重要影响（McLaughlin，1976；Powe and Whitby，1994）。此外，也有学者对疟疾病例和环境因素的关系进行研究，为地区乡村聚落未来土地利用规划提供参考（Oliveira et al，2013）。

在城镇扩展过程中出现的聚落空心化现象，也是当前聚落研究的一个热点问题。聚落空心化是与聚落的扩展相伴而生的，易造成土地资源的双向浪费。程连生等（2001）认为聚落不断向四周扩展和大量吞食耕地的现象与聚落空心化同时发生，地方政府尤其是村委会在执行保护耕地这一基本国策时的步调不一致，对聚落空心化的产生具有或积极或消极的影响。城镇化和退耕还林、生态环境保护、小流域治理等国家政策措施的实施，对黄土丘陵沟壑地区村落的无序扩散则起到积极的抑制作用（郭晓东等，2009）。同时，城市化、交通和政策三个因子对江苏省村镇聚落格局具显著影响（黄丹奎等，2021），政策、市场化、管理制度等因素则是那曲市聚落空间演化的主要动力（张海朋等，2019）。然而，西方国家在经历工业化和城市化的快速发展进程之后，城市交通拥挤、犯罪增长、污染严重等城市问题日渐凸显，城市人口开始向郊区乃至农村流动，乡村聚落迎来人口迁移的浪潮（Sofer，2006；McGranahan，2008）。随着社会经济的快速发展，影响聚落空间布局的因素也逐渐趋向于多元化，如政府政策（Holmes，1985；Daniels，1987；Swearingen，2014）、乡村移民（Kandel，2004；Barcus，2007；Garcia，2009）、人类行为、交通因素（Su et al，2011）、社会文化（Stockdale，2010）等。然而，影响聚落空间布局的相关条件是动态变化的，这些条件为适应聚落单元的发展也会随之而逐渐发生变化（Roberts，1987）。

2.2.5 平原地区聚落研究

早期聚落的发展更多地依赖于自然资源条件。在生产力和技术水平较低的情况下，尤其是在自给自足的自然经济状况下，自然环境的优劣、农业生产资源的多寡作为聚落发展的初始条件，对聚落发展具有较大影响（李小建和杨慧敏，2017），且气候、可用水、土壤肥力和交通设施等对聚落区位选择具有一定限制作用（Roy and Jana，2015）。经过较长一段时间的发展，自然因素对聚落的影响会有所减弱，而城镇、交通、基础设施等方面的影响会趋于增强。

结合国内外对聚落发展相关研究的梳理，较多的研究主要集中在山丘、丘陵区，聚落规模、空间格局、空间扩展等受地形条件的制约，如海拔、坡度、河流、地形起伏度等。对于平原地区聚落的研究更多地集中于空间分布和聚落规模的扩张，既有对历史时期平原地区聚落的研究，诸如宋元时期江汉—洞庭平原聚落的发展变迁（杨果，2005）、明清时期华北平原新兴村落的发展（黄忠怀，2005）、先秦时期成都平原聚落变迁（江章华，2016）、传统时期江汉平原腹地散村的发展演变（鲁西奇和韩轲轲，2011）等；同时，也有对近期聚落发展的研究，诸如关注成都平原边缘区农村居民点的空间分布变化（姚兴柱等，2017）、发展水平大致相当的平原县和山区县聚落空间演变的对比分析（娄帆等，2017）、平原水乡乡村聚落的空间分布和空间格局优化（郑文升等，2014）、洪泛平原区农村居民点空间分布（徐雪仁，1997）、传统平原农区聚落规模分布和景观格局变化（卫春江等，2017；杨慧敏等，2017）、工业化进程中传统平原农区聚落空间演变研究（史焱文，2016）、黄淮海平原地区城乡聚落体系研究（朱纪广，2015）等。

基于中国知网数据库，选取主题与“平原”和“聚落”相关度最高的 200 篇学术论文进行关键词共现网络分析，结果发现关键词出现次数较高的为“乡村聚落”“聚落形态”“成都平原”“空间分布”“人地关系”，且有部分研究关注历史时期聚落环境和空间分布的研究，对聚落景观的研究也有所涉及（见图 2 - 1）。同时，也有文献对同一省域不同地形条件、不同省域同一地形下的聚落发展变化进行对比分析（吴江国等，2014；娄帆等，2017），相关研究主要关注聚落空间分布格局和空间扩展。综合来看，已有相关研究对传统平原农区聚落规模分布和空间格局变化的分析相对较少，同时对平原农区聚落变化影响机制的探讨尚显不足。

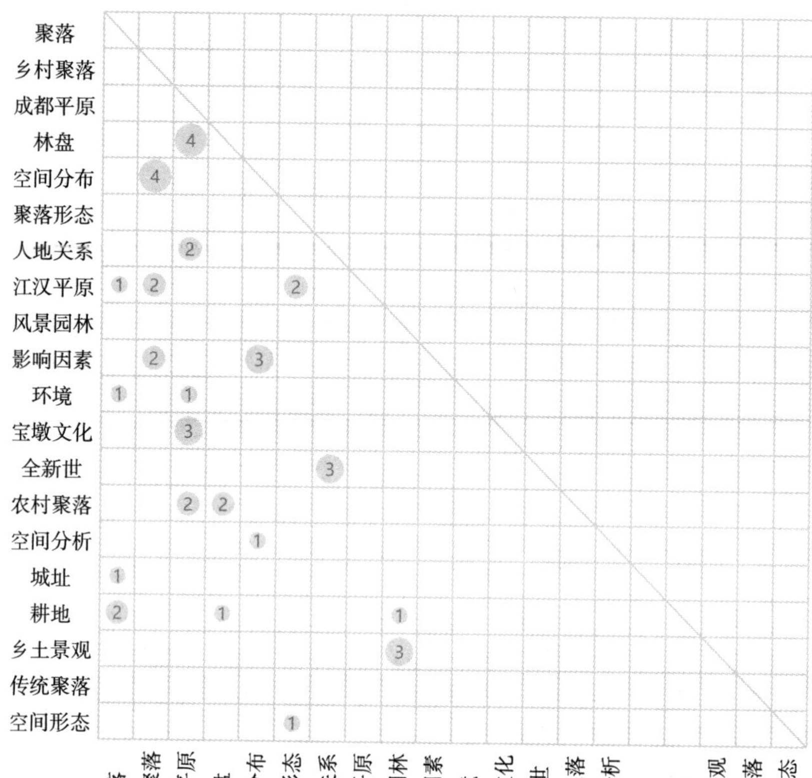

图 2-1 “平原”和“聚落”关键词共现矩阵分析

注：数据检索时间：2022-01-20。

2.2.6 聚落研究述评

国内外学者在聚落规模、聚落形态、聚落空间格局、聚落分布影响因素等方面进行了深入的研究和探讨，在人地关系理论、区位理论（工业区位论、农业区位论、中心地理论等）等研究的基础上，中国学者也进行了诸多验证和实践，相关研究均取得了较为丰硕的成果。当前，我国正处于城镇化发展的关键时期，随着地区社会经济的快速发展，城镇规模扩大，聚落空间外延，乡村性减弱、城市性增强是乡村地域的一般性趋势，乡村经济活动空间、社会活动空间、聚落等三大结构随之发生变动（张小林，1999）。尤其是20 世纪 80 年代以来，伴随着工业化、农业现代化和新型城镇化的快速发展，在经济全球化的影响下，我国的社会经济发展要素之间的交互作用对聚落发展产生着重要影响（Long H L，2014；张小林，2008）。同时，乡村聚落与乡村振兴关系密切，新发展格局下，乡村振兴的最终目的就是调整人地关系以适应社会经济发展新阶段的生产要素价值变化，对聚落空间格局研究的同时更应注重聚落演变机理的研究（李小建等，2021）。综合已有研究来看：

（1）经过较长时段的经济发展过程，城镇聚落和乡村聚落规模发生较大变化，相关实证分析对城镇化过程中传统农区聚落变化特点的研究不多。同时，地势平坦的地区人口较多、聚居规模较大，与山地丘陵地区相比，相关对平原地区聚落规模变化的研究也相对匮乏。此外，不同社会经济发展阶段，聚落空间分布、空间结构、规模体系等有所差异，与发达地区相比，对欠发达地区聚落规模变化的研究有所欠缺。城镇、乡村居民点均为聚落的空间表现形式，若将其作为整体进行研究，可进一步厘清聚落规模在城镇化进程中的变化特征和趋势，可为区域聚落规模合理化发展提供一定的参考和借鉴。

（2）随着对城镇规模等级变化研究的逐步深入，位序—规模法则、齐夫定律等在研究城市规模分布方面得以广泛适用，但对传统农区城乡聚落规模等级演变的分析不多。相对于城镇规模而言，乡村聚落规模分布服从负指数分布，较长时段的聚落发展过程，可使得区域内的部分乡村聚落逐步发展为城镇聚落，且聚落规模的发展变化会带来聚落规模体系的变化，将城乡聚落作为整体分析其等级规模变化过程的研究尚显不足。因此，在已有研究的基础上，书中尝试对豫东平原地区的城乡聚落规模分布状况进行分析，借助于城镇位序—规模法则和乡村位序—规模法则对研究区聚落规模分布进行分析，探析平原农区聚落体系变化过程，以期对研究区城乡一体化发展趋势进行探讨。同时，结合调研获取的研究区人口数据对其进行分析和验证。

（3）对于聚落空间格局变化的研究主要集中于山地丘陵区、岩溶地区和江南地区等典型地区，对平原地区聚落格局变化的研究不多。结合现有研究，对于聚落空间格局变化的分析逐渐由传统的田野调查向 GIS 空间分析、RS 遥感技术应用与田野调查相结合的趋势发展，较多关注典型地区聚落空间分布研究，对平原地区聚落景观格局变化的分析相对较少。由于经济发展和地理环境的区域差异性，具有长时期居住历史的聚落演变特征也会有所不同，在控制地形条件相同的情况下，可进一步探析地区发展对聚落变化的影响。在此尝试对传统平原农区聚落空间格局进行分析，基于市域/县域尺度的分析可对聚落空间格局特征、聚落空间分布变化和地区差异进行探究，为平原地区城乡聚落的合理布局和科学规划提供参考。

2.3 主要理论基础

聚落的相关研究内容广泛，既包括不同地区聚落的起源和发展、聚落的空间分布、聚落形态、组成要素，也包括聚落产生、空间格局及分布的影响因素等。国内外对于聚落研究的理论基础较多是基于人地关系理论和区位理论，其中，人地关系理论是认识人类及其各种活动与地理环境相互作用关系的理论基石，而区位论的内容较为广泛，既有农业区位论，也包含有工业区位论、服务业区位论等。书中对于聚落的研究主要是借鉴克里斯泰勒的中心地理论和中心—外围理论（见图2－2）。

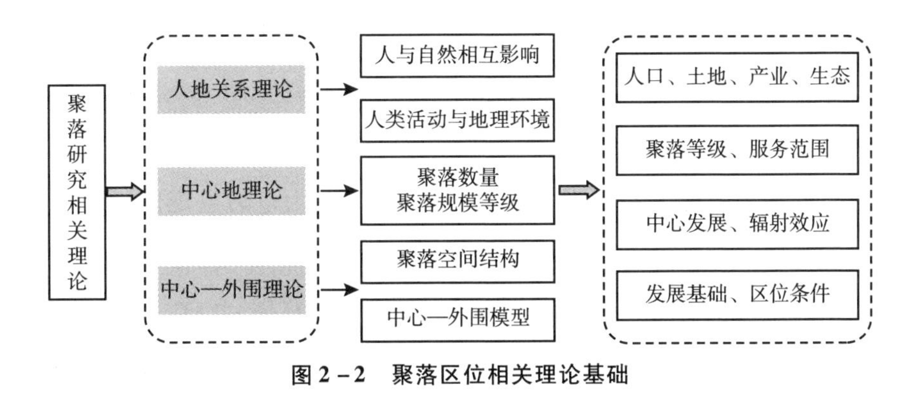

图2－2　聚落区位相关理论基础

2.3.1　人地关系理论

人地关系理论（theory of man-land relationship）是关于人类及其各种社会活动与地理环境关系的理论，人地关系即地球表层人与自然的相互影响和反馈作用。它是地理学发展过程中出现的各种有关人地关系的思想和学说。人地关系理论一直以来都是地理学和区域经济学的研究核心。人地关系论的产生和发展经历了漫长的历史过程，形成了不同的学派（吴传钧，1991；郑度，2002）。西方学者洪堡（Humboldt）和李特尔（Ritter）对人地关系论的发展作出了很大贡献。洪堡认为，人是地球这个自然统一体的一部分，地理学是研究各种自然和人文现象的地域结合。李特尔则把自然现象的研究与人文现象的研究结合起来，把地球看作人类活动的舞台，认为地理学的中心原理是自然的一切现象和形态与人类的关系。这些思想对后来环境决定论的形成起到一定作用。

20 世纪初，以法国的白兰士（Blache）为代表的法国地理学派，对地理环境决定论提出异议，主张自然环境为人类活动提供了多种可能性，但这种可能性变为现实，则完全是由于人类方面的诸多条件所决定的。这种观点被称为可能论，是对人地关系论的重要发展。此后，白吕纳（Brunhes）进一步发展了人地关系的相关思想，并提出人地关系认识中的“心理因素”，为以后出现的行为地理和感应地理提供了认识来源。巴罗斯（Barrows）认为应该探讨人类与自然环境之间的相互关系以及人类对自然环境的反应。人类对人地关系的认识，是一个逐步深入的过程。人地关系论的各种学说的发展，就是这种认识过程的反映。

在我国人文—经济地理学的相关研究中，人地关系发挥着主导作用（李小云等，2016）。我国著名地理学家吴传钧先生提出，“人地关系”理论是指“一定的地理环境只能容纳一定数量和质量的人及其一定形式的活动”“人必须依赖所处的地为生活的基础，要主动地认识并自觉地在地的规律下去利用和改变地”（吴传钧，1998）。结合我国聚落研究的诸多成果，其理论基础多是沿袭国外聚落的相关理论，既有对中心地理论适用性的探讨，也有人地关系方面的实践分析。而吴传钧先生的理论实践为地理学的发展与创新作出的突出贡献，对聚落发展研究和人文与经济地理学的发展具有深刻而重大的影响（樊杰，2018）。

国内学者基于人地关系这一主线，对我国聚落的发展进行了研究，叶舜赞、郑天祥、李旭旦等著名学者的相关研究对我国聚落理论及方法的发展具有重要的推动作用（金其铭，1988）。其中，《中国农村聚落地理》一书，对我国典型地区农村聚落的形成、区域差异及聚落分布特点等进行了详尽的阐述（金其铭，1982，1989）；《乡村地理学/人文地理学丛书》（金其铭等，1990）、《聚落地理》（金其铭，1984）、《人地关系论》（金其铭等，1993）等则从不同角度对乡村聚落展开研究。其后农户地理论的提出与创立，则是在人地关系研究基础上，将还原论引入地理学，从经济活动的参与者入手对经济活动空间格局进行研究（李小建，2009）。这一农户微观层面研究的拓展为农村聚落的空间演变研究提供了新的视角（李小建，2010）。同时，有学者基于我国人地关系演变历程发现，生产力、人口、生产关系、战争、灾害五个因子是人地关系演变过程中发挥巨大推动作用的核心因子（李小云等，2018），这对区域聚落的发展变化产生着重要影响。

诸多基于人地关系对中国聚落发展的实际状况而进行的研究，既为我国乡村聚落研究理论框架的构建奠定了基础，同时，也为基于不同区域聚落发展状况而进行的实证研究提供了支持。聚落，作为人地关系的基本单元，在工业化和城镇化过程中，受到人与区域各种资源要素之间相互作用的影响。

2.3.2　中心地理论

中心地理论，被认为是 20 世纪人文地理学最重要的贡献之一。

该理论是由德国城市地理学家克里斯泰勒于1933年提出的，他通过对德国南部城镇的调查完成了《德国南部的中心地原理》一书，在书中系统地阐明了中心地的数量、规模、分布模式，建立起中心地理论（许学强等，2009）。中心地理论的创立，极大地推动了聚落的理论研究，为地理学的相关理论发展作出重大贡献（张文合，1988）[①]。其中，中心地，可以表述为向居住在它周围地区（尤其指农村地域）的居民提供各种货物和服务的地方。同时，中心地具有等级性，提供高级中心商品的中心地职能称为高级中心地职能；反之为低级中心地职能；基于此，具有高级中心地职能布局的中心地为高级中心地；反之为低级中心地。

中心地学说所提出的最终的理想图案被学者们认为是最为完美的区域空间结构理论（见图2-3）。克里斯泰勒所提出的中心地理论采用归纳与演绎相结合的方法推导出中心地等级体系，并创立了中心地理论（Christaller，1933；Christaller，1966；Berry，1958）。由于中心地职能的高低，中心地的等级决定了中心地的数量、分布和服务范围。克里斯泰勒认为，有三个条件或原则支配着中心地体系的形成，它们是市场原则、交通原则和行政原则。在不同原则的支配下，中心地网络呈现出不同的结构。该理论是城市地理学和商业地理学的理论基础，也是区域经济学研究的理论基础之一，对区域城镇等级体系的研究和区域结构的分析均具有重要意义。部分学者通过实证分析，对中心地理论进行了解读（Swainson，1944；Dickinson，1949）。也有学者认为中心地网络理论上被证明是分形的（Arlinghaus，1985；Lam and Cola，1993），而中心地系统的空间

① 由张文合摘译自*Economic Geography*（T. R. 威利姆斯，1984）。

结构被证实是自相似的（Chen and Zhou，2006），多维分形几何学可以用来刻画中心地的复杂性（Chen，2013）。

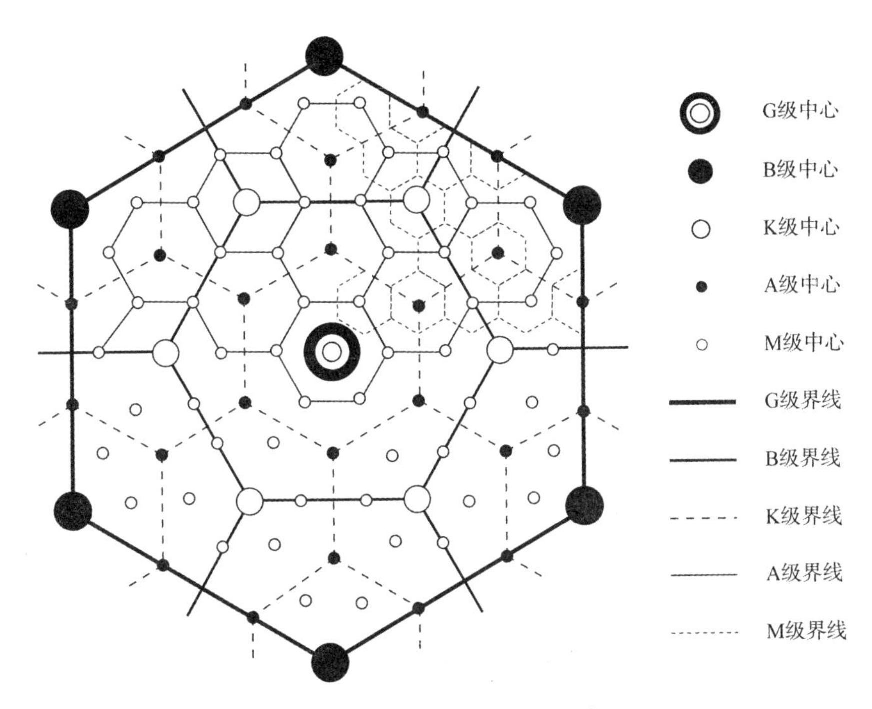

图2-3　中心地体系理想图案

学者施坚雅（1998）对四川盆地的聚落研究也证明中心地理论中六边形空间结构的存在。然而，中心地学说因其无法提供确定的时空参数条件，及其在演化过程模式上的缺失，致使其他空间结构模型无法与之对接。在实际中，各中心地之间通过相互竞争，其边界区域可分别被相邻的3个中心地平分（见图2-4）。陆玉麒等（2011）基于均质平原假设条件，构建了中心地等级体系的演化模型，模拟结果显示中心地等级体系的产生与演化可分为萌芽期、成形期、完善期、成熟期和提升期5个阶段。这是对中心地学说动态演化过程方面的补充论证。对太湖流域中心地结构的分析则证实，该地区中心地的形成过程呈现出的是自上而下的中心地形成过程与模式，而太湖、宜溧山地、长江三大地形因素在地区发展过程中导致了中心地结构的变形（陆玉麒和董平，2005）。在均质平原和经济人的假设条件下，区域中城镇的产生、演化及空间结构的形成仅取决于区域中各点的可达性或区位值，而与区域其他条件无关（陆玉麒和俞勇军，2003）。随着交通网络的演进，中心地空间结构也会发生改变，均质背景下，次一级中心地产生于上一级中心地可达时间最长的地方，相同等级的中心地越是靠近高等级中心地，其加权平均出行时间越短（张莉和陆玉麒，2013），高度的网络化将是未来中心地体系最主要的组织形式（冯章献，2010）。也有学者基于间歇空间填充的假设，提出中心地多维分形模型，用以反映空间集聚和空间离散过程（Chen，2013）。

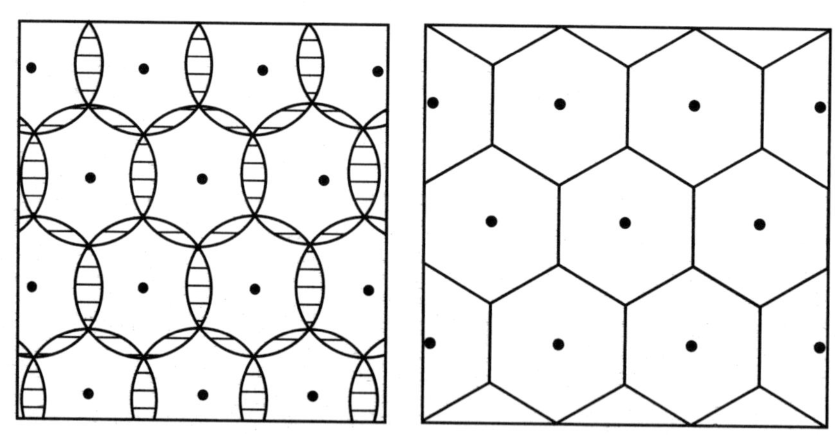

图 2－4　中心地服务范围由同心圆形向六边形的转换

注：图 2－3 和图 2－4 均根据陆玉麒等（2011）绘制，作者整理。

中心地理论基于均质平原的假设条件，在长时期的发展过程中，部分聚落逐渐发展成为中心地，低层级聚落分散布局在高层级中心地周围，高层级中心地为其周围聚落提供商品服务，而某一层级中心地的发展，会影响周围聚落的发展，随着中心地的出现，聚落到中心地的距离会随之发生变化。结合中心地理论，空间距离上，等级越高的聚落，距其上一等级中心地的空间距离也会越远。同时，基于中心地理论的距离构建原则可对研究区聚落等级体系结构进行实证检验。

2.3.3 中心—外围理论

中心—外围理论，也被学者们称为核心—边缘理论或中心—边缘理论，这一理论主要是对 20 世纪六七十年代发展经济学研究发达国家与不发达国家之间的不平等经济关系时所形成的相关理论观点的总称（李小建等，2018）。中心的发展具有一定的主导效应和辐射效应，对外围产生一定的影响。中心、外围的概念和相关分析方法在区域经济的研究中也有诸多的体现，且逐渐融入地理学中的空间关系，形成了解释区域之间经济发展关系和空间模式的中心—外围理论。

1966 年美国地理学家弗里德曼（Friedmann）在著作《区域发展政策》（*Regional Development Policy*）一书中提出“核心—边缘理论”，用来解释区域空间演变模式（崔功豪等，1999）。他是根据对拉丁美洲国家的区域发展演变特征的研究，从行为角度对区域发展模式进行验证。他提出了一系列的假说：（1）区域经济是国民经济的一部分，区域不能孤立存在，与国家其他区域是有关联的。（2）区域发展与

“出口”经济（即基本经济活动）有关系，区域经济发展依赖于“出口”产品的发展。(3) 区域发展与当地的社会、政治体制有关，与当地收入的分配制度关系很大。(4) 区域领导人的态度对区域发展有很大影响。(5) 区域发展大多在城市附近。

其后在著作《极化发展理论》一书中，弗里德曼进一步将“核心—边缘”的空间极化发展思想归纳为一种普遍适用的可以用来解释区际或城乡之间非均衡发展过程的理论模式，他认为任何经济空间系统是由一个或若干核心区域和边缘区域组成的（Friedmann，1969）。其中，核心地区是由一个城市或城市集群及其周围地区所组成的；边缘的界限由核心和外围的关系来确定。核心—边缘理论成为增长中心地理论的一个重要组成部分，是对区域空间作出静态的抽象描述。目前，这一理论模型为理解区域发展动力与发展水平的空间差异提供了一个有价值的、基本的地理学思维框架（Weaver，1998），在相关探讨区域内部核心—边缘区的发展差异中有所应用（Andressen，1988；Zurick，1992）。

区域空间结构是在一定的发展时期和条件下，区域内各种经济组织进行空间分布与组合的结果（李小建，2006）。核心—边缘理论所揭示的一般发展规律为，一个空间系统发展的动力是核心区的大量创新，并向外扩散进而对边缘区的社会经济发展产生影响，继而作用于整个系统，促进其发展（郭文炯，2014）。该理论强调在区域经济增长的同时，必然伴随着经济空间结构的变化。我国学者多借助于核心—边缘理论分析区域旅游空间格局的演变、空间形态的变化及区域旅游规划中的运用（史春云等，2007；汪宇明，2002；崔庆明等，2016）。相关研究对聚落空间结构中的“核心—

边缘”分布的分析关注不够，对区域内首位聚落的发展与其他聚落之间空间结构的研究有所欠缺，对中心地区发展对外围县城/乡镇地区聚落发展影响程度的研究关注不够。同时，学者们较多地关注大尺度上的区域空间结构，而聚落空间结构，尤其是乡村聚落空间结构同样属于区域空间结构的研究内容之一，并且乡村聚落是区域研究中最为基本的区域空间结构组成单元（罗雅丽等，2015）。

2.4　本章小结

本章对国内外聚落研究的诸多成果从聚落概念、聚落规模、聚落空间格局、聚落分布影响因素等方面进行概述，在此基础上对平原地区聚落相关研究内容进行梳理，研究中主要借助于人地关系理论、中心地理论、中心—外围理论等作为本书的理论基础，对研究区聚落规模和空间格局变化情况展开研究。其中，第 4 章和第 5 章分别是对聚落规模变化、聚落空间格局变化的分析，在此基础上，第 6 章对研究区聚落发展变化的县城差异进行研究；然后通过区域聚落发展分析框架的构建，对聚落变化的影响因素进行探讨和模型分析。

第 3 章

研究区概况、选取依据和数据来源

3.1 研究区概况

本书所选取的研究区域为河南省东部的开封市、商丘市、周口市 3 个市域范围，研究对象为该地区范围内的城镇聚落和乡村聚落。

3.1.1 自然地理环境

河南位于中国中东部、黄河中下游，介于北纬 31°23′～36°22′、东经 110°21′～116°39′之间。境内地势西高东低，平原、盆地、山地和丘陵均有分布，全省平原和盆地面积约占省域总面积的 55.7%，且河南横跨海河、黄河、淮河、长江四大水系，流域面积较大。该地区属暖温带—亚热带、湿润—半湿润季风气候，全省年平均气温一般在12℃~16℃之间，年平均降水量为500~900毫米。同时，省域境内的耕地资源、矿产资源、林业资源、水资源等均较为丰富[①]。

开封市、商丘市、周口市均位于河南省东部，且地形均为平原地区[②]（见图3-1）。（1）开封市，位于河南省中东部，黄河中下游，东经113°52′15″~115°15′42″，北纬34°11′45″~35°01′20″，总面积6266平方千米，年平均气温14.52℃，2013年底耕地面积414.37千公顷。地势平坦，土壤多为黏土、壤土和沙土，适宜农作物种植，是河南省重要的农业种植区。（2）商丘市，位于河南省东部，黄河中下游，华北平原南端，位于北纬33°43′~34°52′、东经114°39′~116°39′，全市总面积为10704平方千米，耕地面积706.94千公顷，年平均气温14.2℃。境内基本地势平坦，主要是黄河冲积平原、淮河冲积平原、剥蚀残丘三个类型区，土壤肥沃，资源丰富，适宜农作物种植，粮食产量较高，被称为“豫东粮仓”，是全国重要的商品粮基地和国家粮食生产核心示范区[③]。（3）周口市，位于河南省东南部，地属黄淮平原，总面积11959平方千米，耕地面积856.19千公顷，年平均气温在14.5℃~15.8℃之间。地势西北高，东南低，整体地貌平坦，农业发展基础较好，农产品资源丰富，是我国重要的大型商品粮、优质棉生产基地。

---

① 资料来源：河南省人民政府网站——走进河南，https：//www.henan.gov.cn/jchn/.

② 资料来源：河南省人民政府网站——走进河南——行政区划，https：//www.henan.gov.cn/jchn/xzqh/.

③ 资料来源：河南省人民政府．商丘市：粮食安天下　商丘有担当［EB/OL］．（2014-07-30）［2017-04-20］．http：//www.henan.gov.cn/zwgk/system/2014/07/30/010487939.shtml.

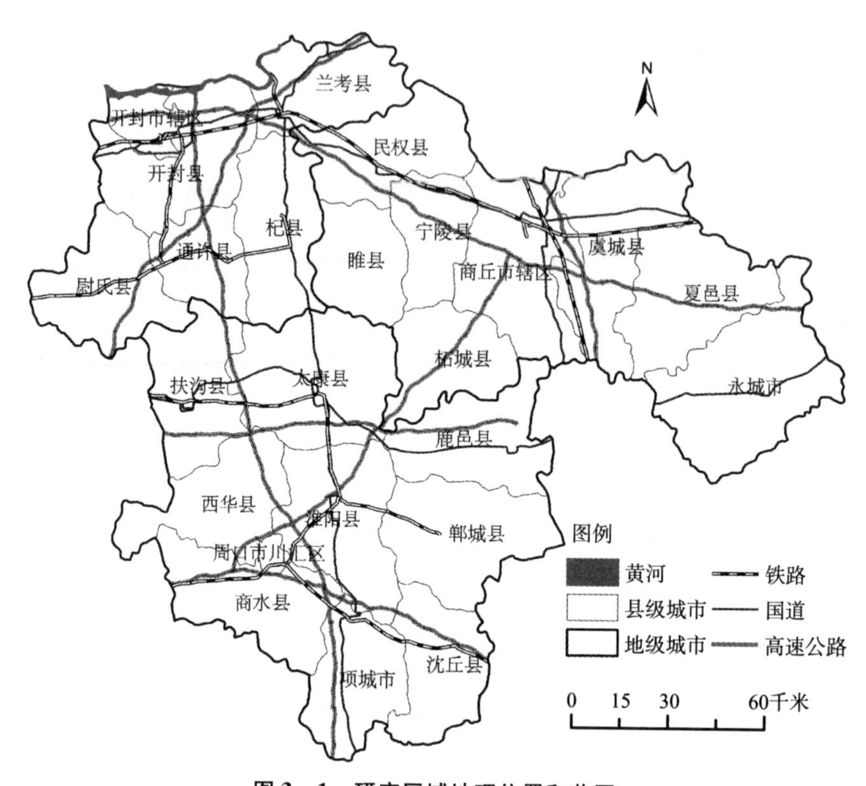

图 3-1 研究区域地理位置和范围

注：考虑研究时段内区域县域单元的一致性，结合当前行政区划调整，开封市祥符区（原开封县）、周口市淮阳区（原淮阳县）仍保留原区域范围，在本书中仍将其视为县域单元进行具体分析。

3.1.2 社会经济发展

研究区域内的开封市、商丘市、周口市是我国的传统农区，位于豫东平原地区，是华北平原的重要组成部分。

（1）开封市是河南省新兴副中心城市、中原城市群核心发展区城市，郑州大都市区核心城市，也是河南省发展和文化体制改革试点城市、服务业综合改革试点城市、文化改革发展试验区。2020年，全市生产总值为2371.83亿元，人均生产总值为49166元，较为接近河南省的平均水平。同时，市域户籍人口数为564万人，常住人口数为483万人，城镇化率为51.83%，略低于河南省城镇化水平（55.43%）。

（2）商丘市是重要的物资集散中心和中国东西部地区的衔接处，是中原经济区核心发展区城市和中原经济区承接产业转移示范市。2020年，全市生产总值为2925.33亿元，人均生产总值为37439元。同时，市域户籍人口为1010万人，常住人口为782万人，城镇化率为46.19%，低于河南省城镇化水平。

（3）周口市农产品资源丰富，是国家重要的大型商品粮、优质棉生产基地。同时也是文化旅游资源大市和工业快速发展的城市，2020年全市生产总值为3267.19亿元，人均生产总值为36214元，明显低于河南省平均水平。同时，市域户籍人口为1259万人，常住人口为902万人，二者差值显著，城镇化率为42.58%，明显低于该年份河南省城镇化水平①。

综合来看，豫东平原地区的开封、商丘和周口的人均生产总值在1978～2020年均保持不断上升的态势，开封相对高于商丘和周口，且与河南省人均生产总值的发展趋势较为接近（见图3－2）。同时，2020年开封、商丘、周口的第一产业占地区生产总值的比重相对较高，商丘和周口均在17%以上，而河南省总体来看第一产业占比为9.73%，研究区第一产业占比相对较高（见表3－1）。

① 资料来源：河南省统计局《河南统计年鉴2021》，https://tjj.henan.gov.cn/tjfw/tjcbw/tjnj/.

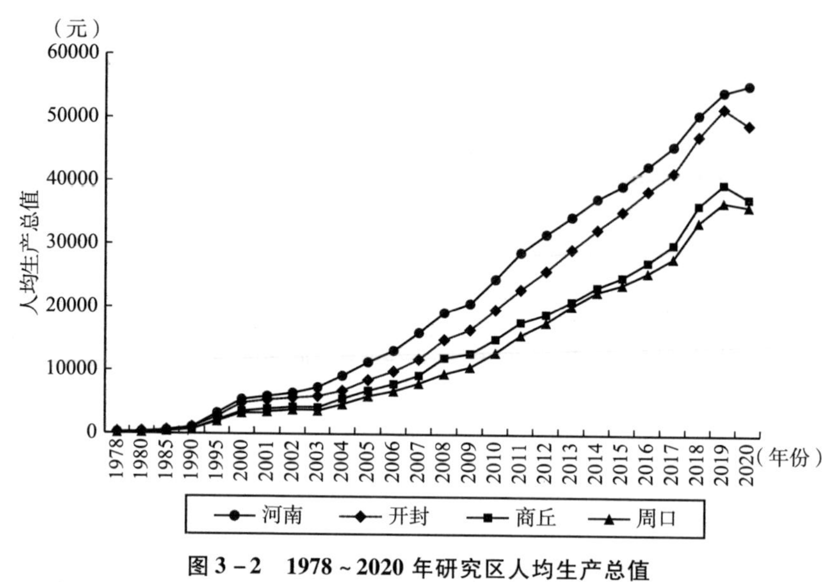

图 3－2　1978～2020 年研究区人均生产总值

资料来源：相应年份的中国统计年鉴、河南省统计年鉴，作者整理。

表 3－1　　2020 年研究区主要社会经济发展状况

指标	河南省	开封市	商丘市	周口市
生产总值（亿元）	54997.07	2371.83	2925.33	3267.19
第一产业产值（亿元）	5353.74	363.62	515.56	562.02
第二产业产值（亿元）	22875.33	897.27	1106.87	1343.01
第三产业产值（亿元）	26768.01	1110.94	1302.90	1362.17
人均生产总值（元）	55435	49166	37439	36214
城镇居民家庭人均可支配收入（元）	34750.34	31868	32853	28864
农村居民家庭人均纯收入（元）	16107.93	15370	13605	12950
公共财政预算收入（亿元）	4168.84	160.30	180.14	148.19

3.1.3 区位交通状况

区域交通状况可决定一个地区对内对外交通运输及信息交流的便捷程度。河南交通区位优势明显，是全国承东启西、连南贯北的重要交通枢纽，拥有铁路、公路、航空、水运、管道等相结合的综合交通运输体系。结合已有数据，获取1972年、1995年和2015年研究区主要交通线分布情况。三个地区交通状况具体如下：

开封市，地处河南东部、中原腹地，是一座承东启西、联南贯北、区位优势独特的城市。陇海铁路横贯全境，京广、京九铁路左右为邻，黄河公路大桥横跨南北，310国道、106国道纵横交汇，境内高速公路密集交织。目前，全市已形成干支结合、四通八达的公路交通新格局，公路密度高于全国、全省平均水平。跨越我国东西部的主干铁路——陇海铁路途经开封站。郑民高速公路是开封通往新郑国际机场的一条便捷通道，使开封到新郑国际机场的时间缩短至30分钟，2016年9月，郑民高速公路全线通车。2017年9月，商登高速全线建成通车，至此，在河南境内中部与连霍高速公路平行、承东启西的大通道商登高速全线贯通。同时，区域内长途客运线路四通八达。

商丘市，地处河南东部，是全国性综合交通枢纽，同时也是重要的物资集散地和商贸中心，被河南省政府确定为区域性物流中心城市，是河南省离出海口最近的地级市，是国家“一带一路”和中部崛起“两纵两横经济带”节点城市之一。京九铁路与陇海铁路、310国道与105国道、连霍高速与济广高速在商丘市交汇，构成了黄金“十字架”交通网络，也是国家区域流通节点城市之一，被中国交通运输部确定为国家公路运输枢纽。境内四条国家主干道在市区交会形成枢纽，9 条高速公路以商丘环城高速圈为中心呈“米”字形向全市展开。同时，商丘市铁路运输发达，是全国六大路网枢纽之一，河南省第二大铁路枢纽，在全国铁路网中具有战略性的地位。2021 年 12 月，商丘入选“十四五”首批国家物流枢纽城市建设名单，获批商贸服务型国家物流枢纽建设城市。

周口市，地处河南省东南部、黄淮平原腹地，公路、水路、铁路共同构成了周口大交通格局，公路网络四通八达，是全国 196 个公路运输枢纽城市之一，通车总里程达 2.37 万千米，311 国道横穿东西，106 国道纵贯南北，且拥有国道 7 条，省道 24 条，基本形成国道、省道相衔接、布局合理、通城达乡的干线公路网络。同时，随着境内 6 条高速公路通车，周口市拥有高速公路里程近 500 千米，公路枢纽地位更加巩固。郑合高铁在市境内全长 135 千米，共设 5 个车站。境内航道里程达 234 千米。周口市荣获“全国公路枢纽城市”“多式联运枢纽试点城市”“河南航运桥头堡”“豫货出海口”等多项荣誉称号①。

3.1.4 区域聚落发展

截至 2015 年底，河南省辖 17 个地级市，51 个市辖区、21 个县级市、86 个县（合计 158 个县级行政区划单位），625 个街道、1105 个镇、691 个乡、12 个民族乡（合计 2433 个乡级行政区划单

① 资料来源：周口市人民政府网站——走进周口，http://www.zhoukou.gov.cn/page_pc/zjzk/.

位），4645个居委会、46872个村委会（合计51517个）。结合已有的地形图和行政区划图，获取1972年和2015年研究区乡镇（公社）分布情况。

开封市下辖鼓楼区、龙亭区、禹王台区、顺河回族区、祥符区[①]5个市辖区，尉氏县、兰考县、杞县、通许县4个县，其中兰考县是省直管县。全市共有85个乡镇（场），30个街道办事处，2131个村民委员会，387个社区居民委员会。

商丘市下辖梁园区、睢阳区2个市辖区，夏邑县、虞城县、柘城县、宁陵县、睢县、民权县、永城市6个县（市），其中永城市为省直管县。商丘市辖195个乡级单位，包括89个镇、80个乡、26个街道办事处。全市共有236个社区居民委员会、4609个村居民委员会。

周口市下辖川汇区1个市辖区，扶沟县、西华县、商水县、沈丘县、郸城县、淮阳县、太康县、项城市8个县（市），其中项城市为周口下辖县级市。全市共有33个街道办事处、170个乡镇、243个社区居委会、740个村居民委员会。其中，淮阳县于2019年8月撤县设立淮阳区[②]。

3.2 研究区选取依据

（1）研究区为平原地区。豫东平原是河南省面积最大的平原，

---

① 资料来源：开封县正式更名祥符区［N/OL］.（2014-10-21）［2017-02-10］. 河南日报，http://newpaper.dahe.cn/hnrbncb/html/2014-10/21/content_1163798.htm? div=-1.

② 资料来源：河南省人民政府．淮阳撤县设区　周口将告别单区市历史［EB/OL］.（2019-08-17）［2022-02-08］. https://www.henan.gov.cn/2019/08-17/941580.html.

是华北平原的重要组成部分之一，黄河冲积平原西起孟津以东、北至卫河，南到沙颍河、向北、向东延伸出省界，是豫东平原的主体，而开封、商丘、周口正处于豫东平原的主体区域范围内（见表3－2）。研究区位于河南省东部、黄河中下游，境内地貌主要为黄河冲积平原区，兼有淮河冲积平原区或黄河冲积扇平原区，境内地势平坦，最低海拔0.3米，最高海拔78米，一般海拔在30～70米。

表3－2　　　　2020年研究区域概况

地区	总人口（万人）	城镇化率（%）	人均GDP（元）	粮食作物产量（万吨）	地势地貌
全国	141212	63.89	72000	66949.2	地势西高东低，地形多样
河南	11526	55.43	55435	6825.80	中国中东部，黄河中下游
开封	564	51.83	49166	313.07	黄河中下游平原区
商丘	1010	46.19	37439	741.91	黄河冲积平原区
周口	1259	42.58	36214	934.30	黄河冲积扇平原区

（2）农业发展历史悠久。研究区是传统农耕文明的重要发祥地之一，土层深厚，土质肥沃，平坦的地势条件和良好的土壤状况，支撑着该地区的农业发展，这一地区是河南省重要的粮棉油产区之一。2020年开封市、商丘市、周口市的粮食作物播种面积分别为526.81千公顷、1092.04千公顷和1374.55千公顷，粮食作物产量较高，农业发展基础较好。同时，作为农产品主产区，2011年国务院办公厅印发的《国务院关于印发全国主体功能区规划的通知》中明确指出，在国土空间开发中限制进行大规模、高强度的工业化、城镇化开发。

（3）城镇化发展相对滞后，但速度较快。3个地区城镇化发展水平相对较低，2015年河南省城镇化率为46.85%，开封市（44.2%）、商丘市（38.2%）和周口市（37.8%）的城镇化水平均低于省均值，且明显低于全国平均水平，2020年仍保持这一发展状况，但40多年间上升幅度相对较大，分别为39.27%、36.44%、39.90%①②。同时，书中之所以选取该时段进行研究，主要由于该时期经历着城镇化的快速发展阶段，1972~1995年研究区域的城镇化发展相对较为平稳，而1996~2015年城镇化发展迅速（见图3-3），这与我国城镇化于1995年进入快速发展期的阶段划分相同（李爱民，2013）。

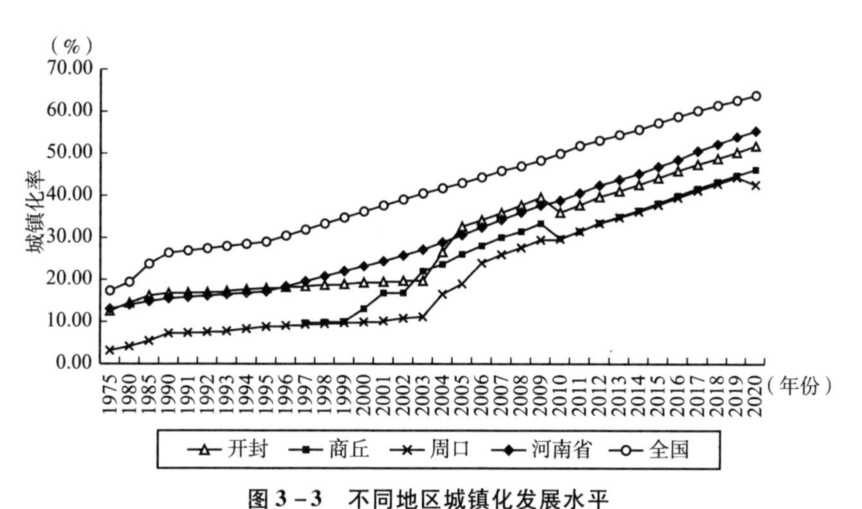

图3-3 不同地区城镇化发展水平

资料来源：相应年份的中国统计年鉴、河南省统计年鉴，作者整理。

① 1997年6月1日，国务院批复（国函〔1997〕46号）：撤销商丘地区和县级商丘市、商丘县，设立商丘市（地级市）；同时，设立商丘（地级市）市辖区：睢阳区、梁园区。因此，商丘市城镇化水平上升幅度是1997~2015年。资料来源：商丘市睢阳区人民政府网站. 睢阳历史变迁［EB/OL］.（2019-04-23）.［2022-10-10］. http://www.suiyangqu.gov.cn/zjsy/syls/content_31738.

② 资料来源：河南省统计局《河南统计年鉴2021》，https://tjj.henan.gov.cn/tjfw/tjcbw/tjnj/.

（4）经济发展水平相对较低，但增长较快。开封市、商丘市、周口市2015年地区生产总值在省内排名分别为第13、第10、第5位，2020年的位序分别为第11、第7、第5位，该年份人均生产总值较高的是开封市（为49166元），但由于人口较多，三个地区的人均生产总值均低于省内水平（55435元）和全国水平（72000元），且省内排名分别为第10、第17、第18位，较为靠后。整体上，研究区属经济欠发达地区，同时作为平原农业区，早期农业经济在区域经济发展中居于主导地位。此外，开封、商丘、周口的经济发展水平在改革开放以来有较大幅度的提高，增速较快，在快速经济发展的影响下，区域内聚落也会发生剧烈变化。

基于上述因素选择豫东平原地区的开封、商丘、周口进行分析，一方面，开封、商丘、周口作为河南省东部的三个地级城市，在行政区划上是三个独立的城乡聚落体系，同时也是豫东平原地区聚落的重要组成部分，基于三个地区进行研究既保证区域聚落发展可在较大程度上避免突发因素对聚落规模变化的影响，同时也可避免单一区域聚落发展存在的偶然性影响，书中也尝试通过对发展阶段大致相同的三个行政区的研究进一步探析聚落规模变化的一般特征（见图3-4）。另一方面，书中选取的研究区域的地形条件均为平原地区，平坦的地势条件使得从地形图和遥感影像中通过目视解译提取的聚落斑块的矢量化数据更为精确，而精确的数据为后文以聚落斑块数据分析开封、商丘、周口的聚落规模变化和空间格局变化提供了基础。

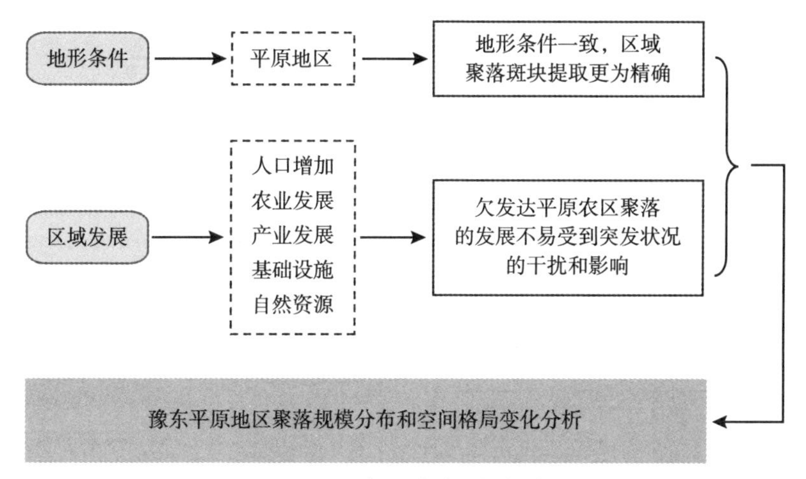

图3-4 研究区域选取依据分析

同时，已有关于聚落发展变化的研究也均是利用聚落斑块面积数据展开分析的（李小建等，2015；马晓冬等，2012；李智等，2018）。相关研究也证实使用聚落斑块面积数据分析城乡聚落的位序—规模变化情况具有一定的可行性，据此可对聚落的空间结构变化及空间分布和规模变化的影响因素等进行探析。

3.3 数据来源

书中的研究主要借助于研究区聚落斑块面积数据和聚落人口数据分别进行相应的分析，同时，通过社会经济发展、区域交通、实地调研等获取的数据对研究区聚落规模变化、空间分布变化的影响因素进行深入探讨，所使用的主要数据处理过程及所使用的数据来源具体如图3-5所示。

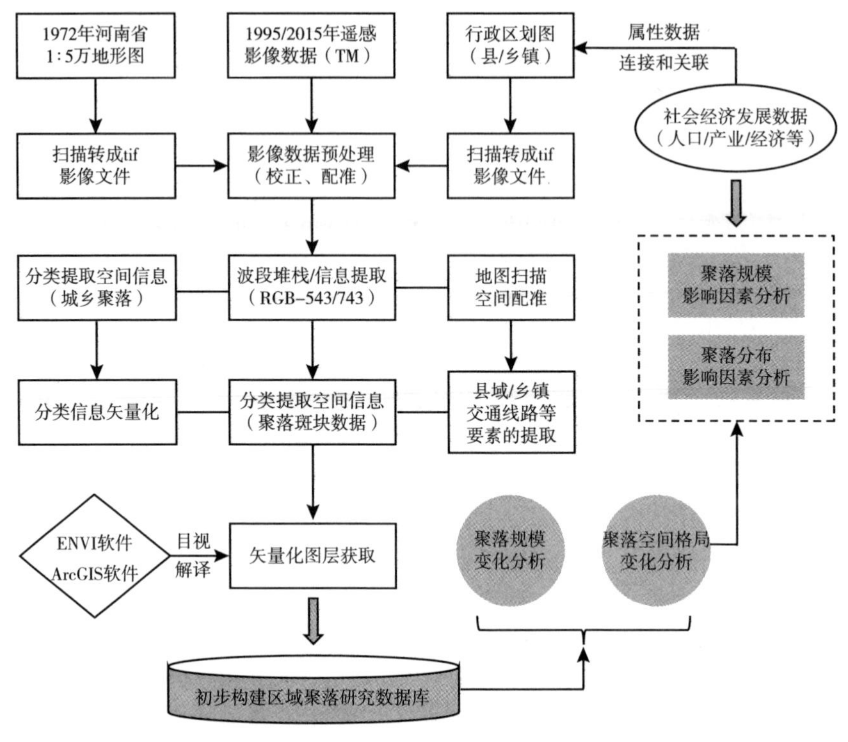

图 3-5　数据处理流程

3.3.1　地图、遥感影像数据

（1）地形图数据。1972 年城乡聚落数据来源于河南省 1：5 万地形图，通过地图扫描将其转成影像文件，在 ArcGIS 软件中对每一幅图选取 4～8 个控制点进行地图配准，并设置空间参考为 Beijing 54 坐标系，并依据各幅地形图的坐标选取相对应的带号。在完成地理配准之后，根据地形图中的图例信息借助于 ArcGIS 10.0 软件平台进行分类提取聚落空间信息，并以地形图数字化的形式获取研究区城乡聚落斑块矢量数据及该时期研究区域的主要交通数据。

（2）遥感影像数据。①1995 年聚落斑块数据来源于中国科学院计算机网络信息中心地理空间数据云平台（Geospatial Data Cloud，http：//www. gscloud. cn）30 米 ×30 米分辨率的 Landsat 4 – 5 TM 卫星数字产品，通过条带号、行编号（123 – 36、123 – 37、124 – 36）下载得到 1995 年研究区域影像数据。②2015 年聚落斑块数据来源于美国地质调查局（USGS）网站（http：//glovis. usgs. gov/）的 15 米 ×15 米分辨率的 TM 遥感影像数据。两个年份所选取的影像数据云量均在 10% 以下。主要是采用目视解译法对研究区域内的城镇聚落和乡村聚落进行矢量化处理。

3.3.2 社会经济发展数据

书中所使用的社会经济发展数据来源于不同年份的开封市、商丘市、周口市的地区统计年鉴以及《河南省统计年鉴》《中国城市统计年鉴》。同时，所使用的人口、国内生产总值、城镇化率、人均 GDP 等数据均来源于上述年鉴资料。

3.3.3 区域交通数据

在具体分析的过程中，也使用了相关交通数据。其中，1972 年主要公路、铁路数据来源于 1972 年 1∶5 万地形图；1995 年高速公路、国道、省道、铁路数据来源于该年份河南省通用地图（地质出版社地图编辑室编制）；2015 年高速公路、国道、省道、铁路数据来源于该年份开封市、商丘市、周口市地图（由河南省地图院编制）。以上数据均通过地图配准后通过手动矢量化提取。

3.3.4 实地调研数据

书中以不同年份的聚落面积数据对聚落规模变化和空间格局演变情况进行研究，为进一步探析人口与聚落规模之间的相关关系，并验证聚落面积数据分析聚落规模分布的结果可行性和准确性，通过实地调研获取研究区人口数据。笔者于2017年7～8月对开封市、商丘市、周口市的各个县（市）进行实地调研，通过对各地民政局地名区划科的实地调研和数据申请，获取研究区域范围内1980年和2015年所有聚落（县、乡、行政村/群众自治组织、自然村）的人口数据。其中，1980年聚落人口数据来源于第一次全国地名普查的地名卡片，在卡片扫描后通过手动输入获取数据，主要包括县、公社、大队、村（片村）；2015年聚落人口数据通过第二次全国地名普查数据库获取，主要包括县、农村居民点数据、城镇居民点数据、基层群众性自治组织数据①。对所获取的调研数据，进行数据筛选、分类和合并处理，对最终所获取的有效数据通过Excel、SPSS软件等分别进行整理和统计分析。

① 基层群众性自治组织是指在城市和农村按居民的居住地区建立起来的居民委员会和村民委员会。在中国是指城市中的居民委员会和农村中的村民委员会。

第4章

聚落数量及规模变化

城镇化的快速发展，影响着城乡聚落规模的变化方向。城市等级体系可以反映城市在时间方向上的演化过程，“小村变成村庄，村庄变成城镇，城镇变为城市，最后城市变成城市区域……”（Batty and Longley，1994），而不同规模的聚落构成了城镇等级体系。对聚落规模分布的分析，可以进一步探析城镇体系中的聚落规模等级结构。故此，在聚落规模统计特征分析的基础上，借助于城镇位序—规模模型、乡村位序—规模模型对聚落规模分布情况分别进行分析，并对研究区聚落规模等级变化情况进行具体研究。

4.1 聚落数量与规模分析

4.1.1 聚落数量与规模变化

4.1.1.1 景观格局指数

中国快速的城镇化进程，必然会导致地区聚落景观格局的变化

（杨慧敏等，2017）。而景观格局指数可以刻画研究区域内土地利用和聚落的空间格局特征。景观指数来源于景观生态学，能够高度浓缩景观格局信息（邬建国，2007）。其中，聚落斑块总面积、聚落斑块面积占景观总面积的百分比、聚落斑块个数、最大斑块指数、最人聚落面积、最小聚落面积、平均斑块面积等表征景观的规模特征，斑块形状指数表示聚落斑块空间表现形态。在此借助于这些指标对研究区聚落的规模变化情况进行测度。

聚落斑块总面积 TA。$TA = \sum_{i=1}^{n} a_i$，n 为研究区斑块数量，a_i 表示任一斑块的面积。

聚落斑块个数 NP。$NP = n$，表示研究区内聚落斑块数量。

最大聚落面积 SA_max。$SA\_max = \mathrm{Max}(a_1, \cdots, a_n)$，表示研究区最大聚落斑块面积。

最小聚落面积 SA_min。$SA\_min = \mathrm{Min}(a_1, \cdots, a_n)$，表示研究区内最小聚落斑块面积。

平均斑块面积 SA_ave。$SA\_ave = \frac{TA}{n}$，表示研究区内聚落斑块面积的平均规模。

最大斑块指数 LPI。$LPI = \frac{SA\_max}{TA} \times 100\%$，表示研究区最大聚落斑块在空间上的优势度。

4.1.1.2 聚落面积变化

研究区域内的城乡聚落斑块呈现出斑块总面积、平均斑块面积逐渐增加，但斑块总数量有所减少的变化特征（见表 4-1）。研究时段内研究区聚落斑块总面积增长幅度较大，但 1995~2015 年聚落总面积增长幅度相对下降；聚落斑块平均面积由 0.0324 平方千米增加至0.1561平方千米，后者约是前者的5倍；最大聚落面积在研究时段内增加了51.53平方千米，但1972～1995年最大聚落斑块面积增长幅度相对较小，1995～2015年的增长幅度相对明显；同时，最小聚落面积逐年增加，而最大斑块指数在分析时段内下降了1.54%，1995～2015年上升了0.85%，整体上1972～2015年下降了0.69%，这表明最大聚落斑块面积占研究区聚落总面积的比重有所下降，但不同时期最大斑块指数变化有所不同。同时，研究时段内聚落斑块数量明显减少，后一时期聚落斑块减少数量相对较多。

表4－1　　1972～2015年研究区聚落斑块数量和规模

指标	1972年	1995年	2015年
聚落总数量（个）	36623	33181	26946
聚落总面积（平方千米）	1187.24	3915.94	4205.69
平均斑块面积（平方千米）	0.0324	0.1180	0.1561
最大聚落面积（平方千米）	31.67	44.29	83.20
最小聚落面积（平方米）	261.15	349.99	2025.01
最大斑块指数（%）	2.67	1.13	1.98

基于市域中观尺度的分析可对城乡聚落规模分布及其长时段变化进行深层次的探究。具体来看，开封市、商丘市、周口市的聚落总面积均有较大幅度的增加，且聚落总数量均逐渐减少（见表4－2）。其中，聚落总面积、最大聚落面积增加幅度均相对较大，开封市聚落总面积在1995～2015年的增长幅度有所下降，但随着开封市行政区划的调整，撤销开封县，设立祥符区，开封市聚落总面积在之后的发展过程中也有大幅增加。横向对比来看，3个地区1972～1995年聚落总面积增加幅度较大，1995～2015年增加幅度相对减缓，研

究时段内商丘市和周口市聚落总面积增长幅度明显高于开封市。同时，各地区聚落平均面积也均呈现出不同程度的增加态势，开封和周口略大于商丘。在最大斑块指数方面，3 个地区的最大斑块指数均有所上升，且 1972 年和 2015 年开封市最大斑块指数相对较高，这与区域整体的最大斑块指数有所下降的变化趋势并不一致，这说明在市域尺度上各地区内部聚落斑块在空间上呈现集聚布局的状态，且最大斑块面积占各地区聚落总面积的比重随着聚落斑块规模的增长而逐渐上升。

表 4 – 2　　1972 ~ 2015 年研究区市域聚落斑块数量和规模

地区	指标	1972 年	1995 年	2015 年
开封市	聚落总数量（个）	4584	4129	3432
	聚落总面积（平方千米）	329.31	558.72	690.61
	聚落平均面积（平方千米）	0.0718	0.1838	0.2011
	最大聚落面积（平方千米）	31.67	44.29	78.81
	最小聚落面积（平方米）	261.15	3717.41	8703.66
	最大斑块指数（%）	9.62	5.84	11.41
商丘市	聚落总数量（个）	16508	14196	11327
	聚落总面积（平方千米）	399.28	1588.06	1629.55
	聚落平均面积（平方千米）	0.0242	0.1119	0.1439
	最大聚落面积（平方千米）	4.01	19.91	83.20
	最小聚落面积（平方米）	650.80	350.02	5587.81
	最大斑块指数（%）	1.01	1.25	5.11
周口市	聚落总数量（个）	15531	14856	12187
	聚落总面积（平方千米）	458.65	1568.52	1885.53
	聚落平均面积（平方千米）	0.0296	0.1056	0.1547
	最大聚落面积（平方千米）	3.73	16.65	50.47
	最小聚落面积（平方米）	1023.54	692.96	2025.01
	最大斑块指数（%）	0.81	1.06	2.68

4.1.2　聚落规模频数分布变化

对研究区域内的聚落斑块面积数据进行频数分析（见图4-1）。可以看出：（1）分析时段内，研究区聚落斑块面积多集中分布在 10^4 ~ 10^5 平方米，其中聚落斑块数量占该年份聚落斑块总数量的比重分别为77.78%、60.55%、51.10%，呈现下降态势；（2）聚落面积介于 10^3 ~ 10^4 平方米之间的斑块数量也较多，其占比分别为18.33%、38.34%、48.25%，呈上升态势；（3）其他规模区间的聚落数量分布相对较少，但整体上，研究区1972年聚落规模介于

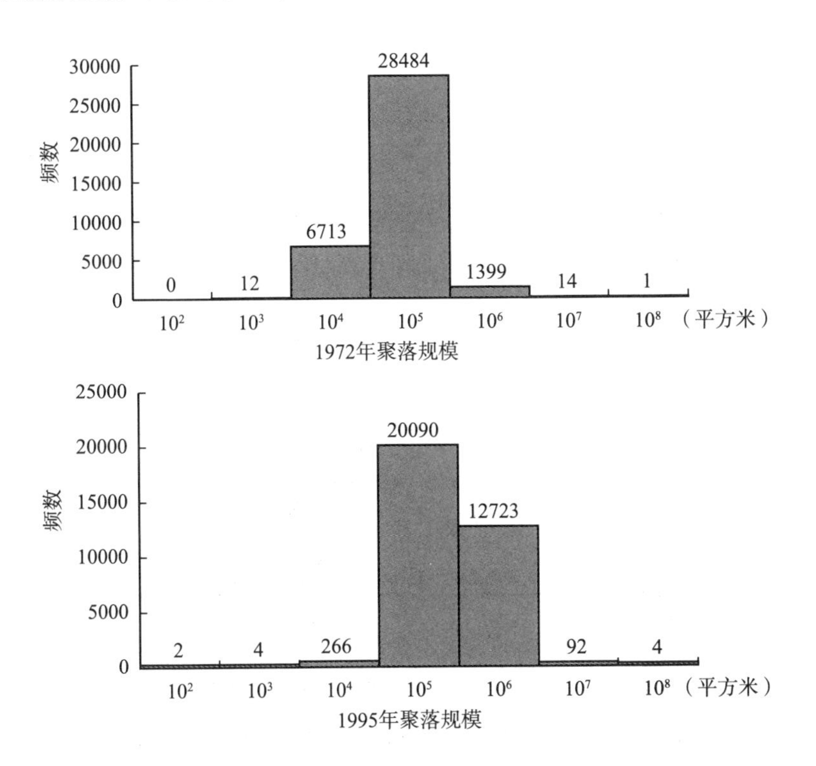

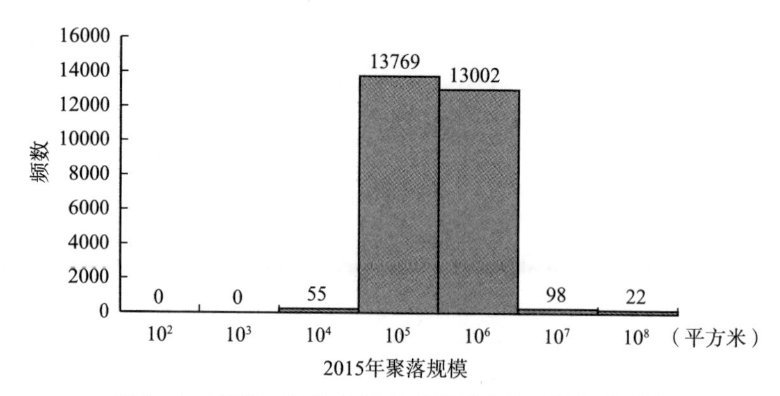

图4-1　1972～2015年研究区聚落斑块规模频数分布

10^3～10^5平方米之间的聚落斑块数量占比高达96.11%，1995年聚落规模介于10^4～10^6平方米之间的聚落斑块数量占比为98.89%，2015年聚落规模介于10^4～10^6平方米之间的聚落斑块数量占比为99.35%。

由频数折线图（见图4-2）可以看出，3个年份均有较多数量的聚落面积分布在10^4～10^5平方米，占相应年份的比重也较高，但该规模区间的聚落数量占比逐渐下降；在10^5～10^6平方米，不同年份

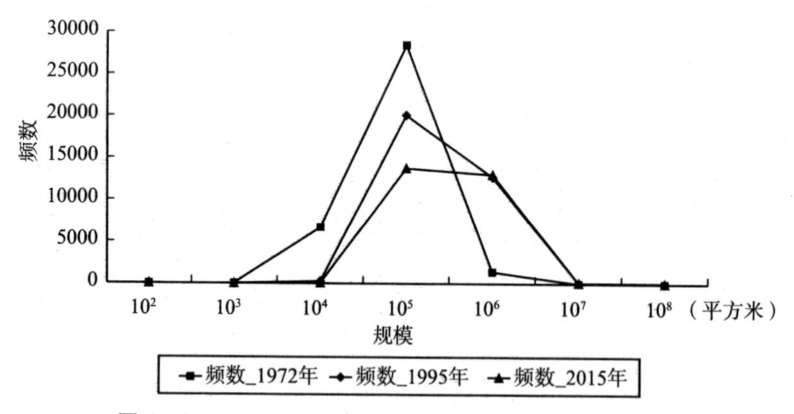

图4-2　1972～2015年研究区聚落斑块规模分布频数

聚落数量逐渐增加，且增加幅度较为明显。同时，在$10^7 \sim 10^8$平方米范围内，这一区间聚落规模较大，聚落斑块数量在1972年仅1个，1995年为4个，而至2015年数量为22个，该区间聚落斑块数量逐渐增加，说明随着城镇化进程的推进，研究区规模较大的聚落数量有所增加。整体来看，以聚落斑块面积衡量的聚落规模逐渐呈现出扁平化态势。

4.1.3　聚落规模核密度曲线变化

核密度曲线是用于估计随机变量概率密度函数的一种非参数方法，可用来观察连续型变量分布。在对聚落斑块面积数据进行对数处理的基础上，借助于R语言工具通过编码采用Kernel非参数估计方法分别绘制不同时点研究区和市域尺度上聚落斑块面积的核密度曲线（见图4-3、图4-4）。其中，核密度函数选取高斯曲线，该曲线可在数据点处模拟正态分布。根据图形可以看出：（1）核密度

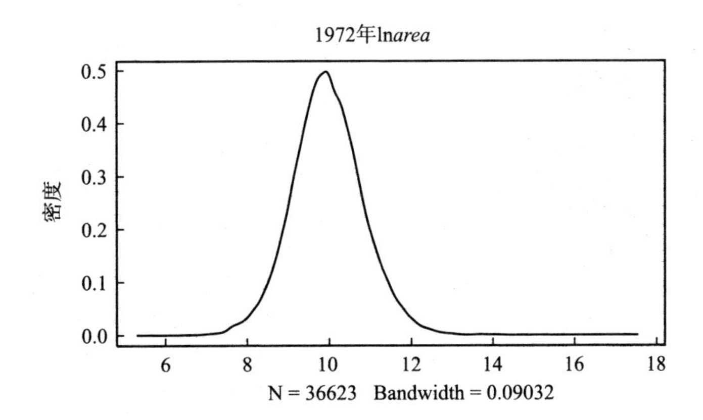

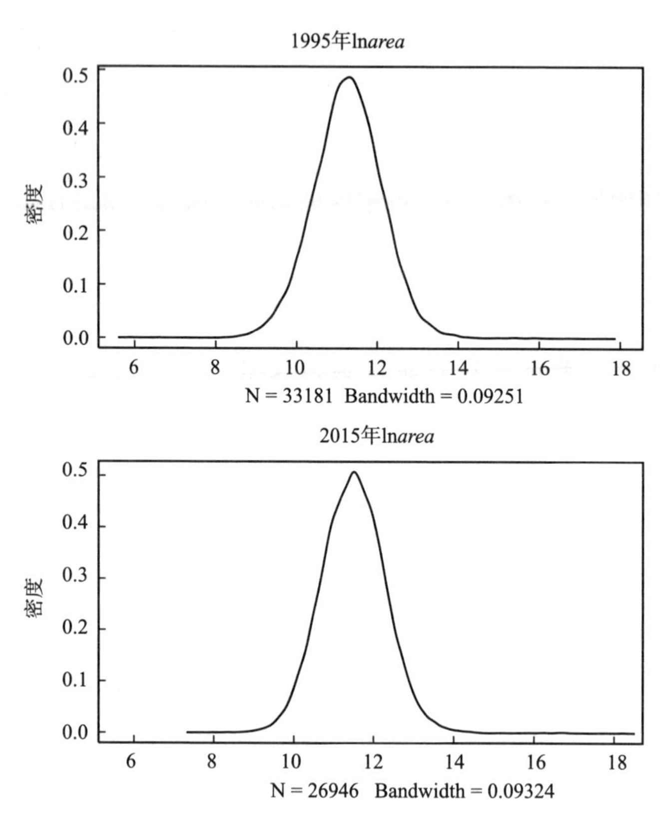

图 4-3 研究区聚落斑块面积核密度曲线

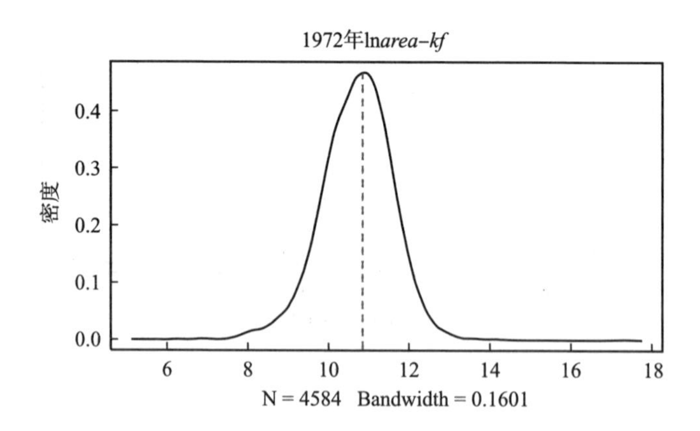

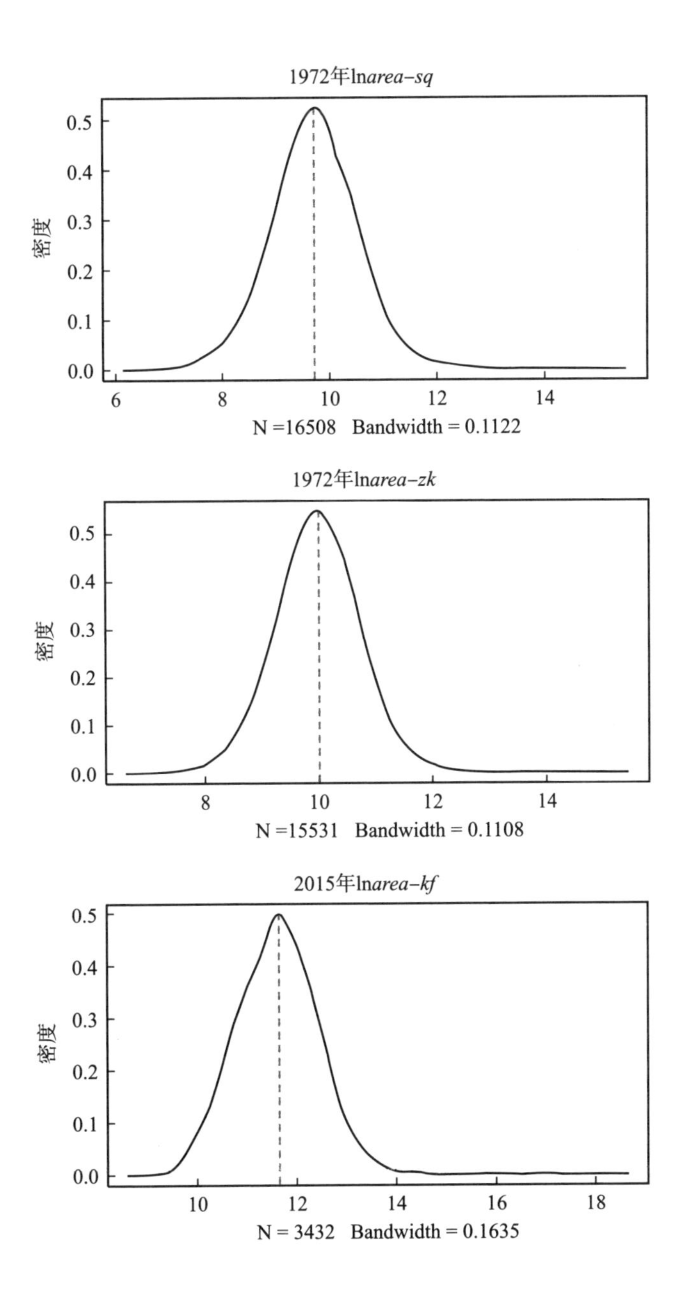
1972年ln*area–sq*
0.5
0.4
0.3
0.2
0.1
0.0
密度
6
8
10
12
14
N =16508　Bandwidth = 0.1122
1972年ln*area–zk*
0.5
0.4
0.3
0.2
0.1
0.0
密度
8
10
12
14
N =15531　Bandwidth = 0.1108
2015年ln*area–kf*
0.5
0.4
0.3
0.2
0.1
0.0
密度
10
12
14
16
18
N = 3432　Bandwidth = 0.1635

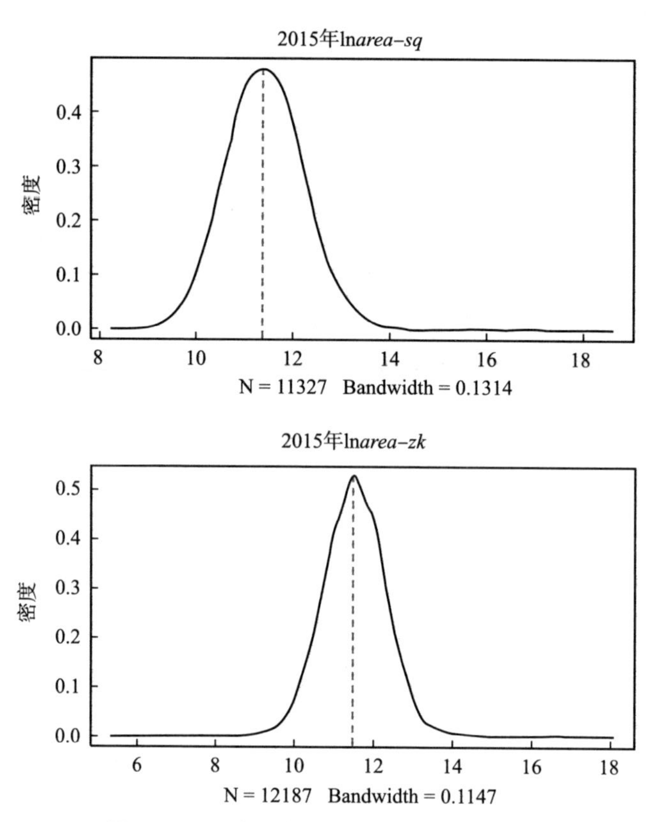

图 4-4 研究区市域聚落斑块核密度曲线

曲线整体上向右平移，但 1972～1995 年核密度曲线峰值变化幅度较大，1995～2015 年核密度曲线峰值变化幅度相对较小。这表明研究区聚落斑块规模在研究时段内发展较快，但在前一阶段聚落斑块规模增加幅度较大，而后一阶段规模增加幅度有所减缓。（2）从曲线形状上来看，研究区聚落规模核密度曲线始终呈现为“单峰”，村庄聚落数量较多，且规模相对较小。

4.2 聚落位序—规模分析

4.2.1 位序—规模法则

4.2.1.1 城镇位序—规模法则

位序—规模法则可以反映城市规模和位序之间的定量关系，是由城市位序与人口规模之间的经验关系经过不断完善和演化而来的（Zipf，1949）。有学者认为，城市规模分布服从幂律，或局部服从幂律（陈彦光，2015；谈明洪和吕昌河，2003）。在此借助于齐夫改进后的位序—规模模型对研究区城镇聚落的规模分布情况进行分析，公式如下：

$$P_r = P_1 r^{-q} \tag{4-1}$$

式中，r 为按照城镇聚落规模降序排列的位序（自上而下）；P_r 为第 r 位的城镇规模；P_1 为城镇体系中首位聚落规模；q 为齐夫指数，是反映城镇规模分布的本质性参数。对上述表达式两边分别取对数，可以得到：

$$\ln P_r = \ln P_1 - q\ln r \tag{4-2}$$

式中，q 是常数，是反映城镇规模结构的参数。q 值接近于1，说明城镇聚落规模分布接近于齐夫所提出的理想状态；$q>1$，说明城镇聚落规模分布比较集中，大规模聚落很突出，而中小规模聚落不够发育，首位度较高；$q<1$，说明城镇聚落规模分布较为分散，较高位次聚落不很突出，中小聚落比较发育。

4.2.1.2 标度区和异常值

由于城镇化的快速发展，使得一区域内的乡村聚落逐步转变为城、镇、乡村聚落。这种情况下，书中尝试借助于上述改进后的位序—规模模型，将其引申对研究区城乡聚落整体的规模分布情况进行分析。在使用位序—规模法则对聚落规模分布进行描述时，有学者认为其本质上是一种标度分布，通常在一定范围内有效，尺度太大或太小，幂律关系往往会被破坏。这个尺度范围被称为标度区（Bak，1996）。

异常值主要是指与数据集合表现的与主流趋势显著不一致的数据，这些数据可能是由于系统演化（如城市发育、聚落演变等）或技术因素（如数据采集误差、观测错误等）所导致的。若位序—规模法则拟合曲线两端表现为异常值，拟合曲线的中间部分在双对数坐标图上表现为直线趋势，则称为标度区（陈彦光，2008；Chen，2015）。在回归分析中，可以通过残差和标准差的计算来剔除异常值。如果模型残差的绝对值与 2 倍标准差之间的差值大于 0，则可以基于 0.05 的显著性水平将相应数值视为异常值。因此，为了得到有效的模型参数，异常值往往是被剔除的，否则会影响统计推断和相应的结论。

4.2.1.3 乡村位序—规模法则

与城镇规模分布服从幂律分布不同，有学者认为城镇位序—规模法则并不适用于乡村聚落的规模分布（Baker，1969；Unwin，1981），乡村位序—规模法则可以用来测度乡村聚落的规模分布情况。也有研究证实在模拟村落规模分布中，乡村位序—规模法则要优于城镇位序—规模法则（卫春江等，2017）。早期国外学者对乡村聚落规模的研究发现，乡村聚落规模分布服从负指数分布特征

(Sonis and Grossman，1984；Grossman and Sonis，1989)。借助于此，使用乡村位序—规模法则对研究区域乡村聚落的规模分布情况进行分析。公式如下：

$$R_n = R_1 \delta^{n-1} \tag{4-3}$$

式中，R_1 表示规模最大的乡村聚落，R_n 表示位序为 n 的聚落规模；$\delta = \frac{R_{n+1}}{R_n}$，表示相邻聚落规模的变化率。对公式（4－3）两边分别取对数。可以得到：

$$\ln R_n = \ln R_1 + (n-1)\ln\delta \tag{4-4}$$

式中，根据拟合直线的斜率和截距项变化对乡村聚落规模分布情况进行分析。

其中，城镇位序—规模模型表现为幂指数形式，而幂指数模型可以转化为双对数线性关系。因此，基于上述模型对研究区市域尺度上的城乡聚落斑块数据进行处理，利用普通最小二乘法（Ordinary Least Squares，OLS）分别进行拟合得到双对数坐标图和拟合结果。

4.2.2　聚落面积位序—规模变化

4.2.2.1　城镇位序—规模模型分析

由研究区市域层面聚落斑块面积与位序之间的双对数坐标图（$\ln r - \ln area$）（见图4－5）及不同年份的齐夫指数可以看出，由于区域内小规模的乡村聚落不够发育，尾部表现为异常值特征。因此，结合回归方程，通过残差和标准差的计算对聚落面积的异常值进行剔除（见图4－6），进而得到市域层面3个年份聚落规模分布的齐夫指数（见表4－3）。

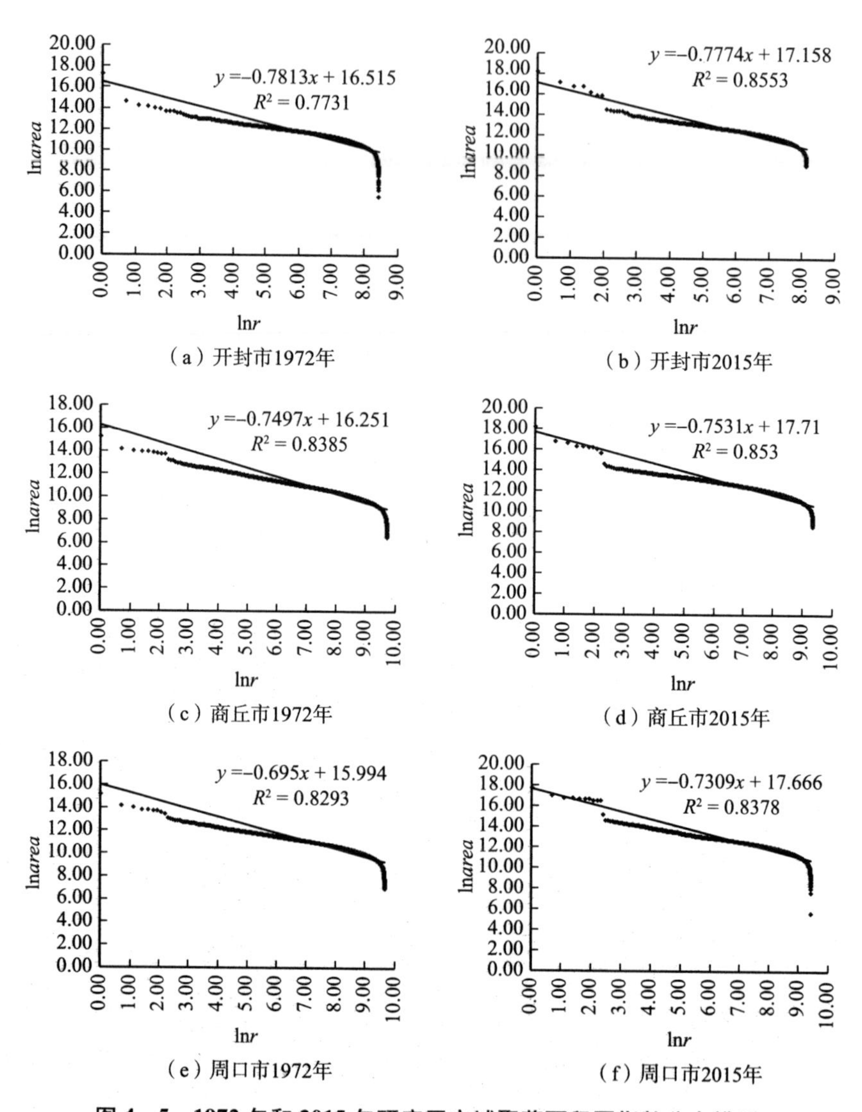

（a）开封市1972年

（b）开封市2015年

（c）商丘市1972年

（d）商丘市2015年

（e）周口市1972年

（f）周口市2015年

图4-5　1972年和2015年研究区市域聚落面积幂指数分布模型

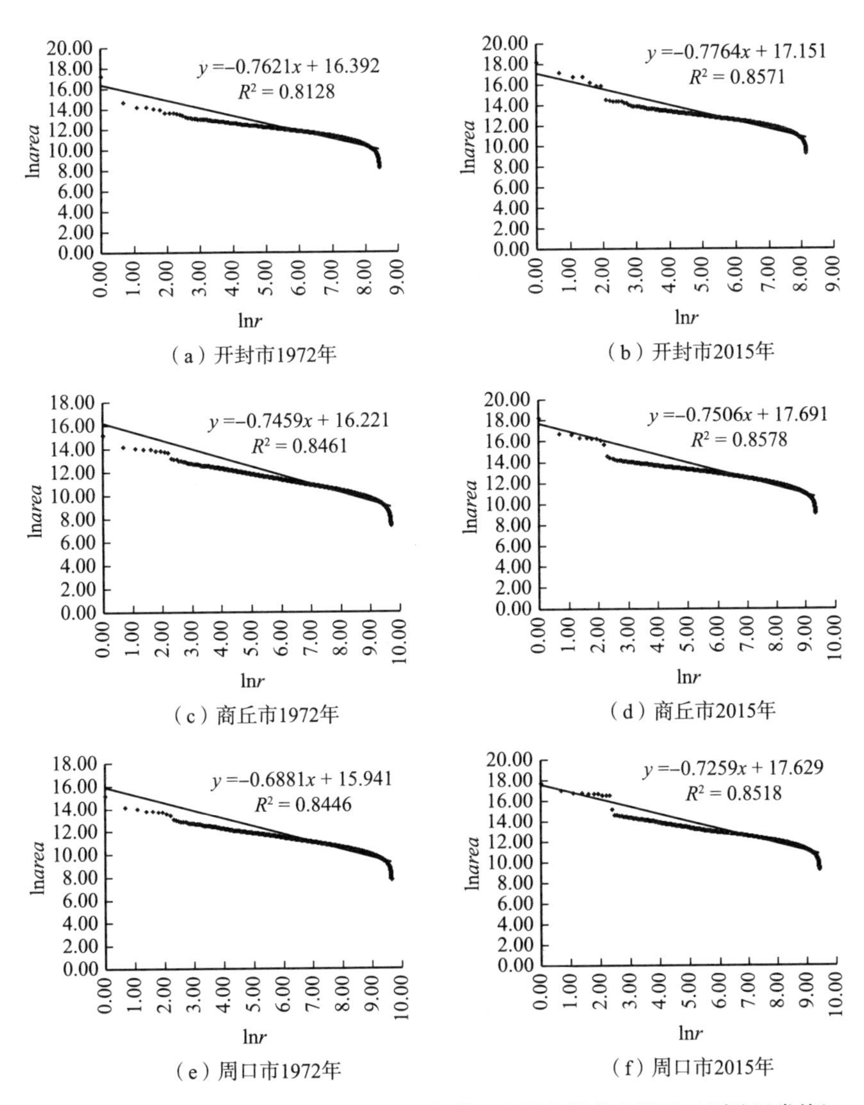

（a）开封市1972年　（b）开封市2015年

（c）商丘市1972年　（d）商丘市2015年

（e）周口市1972年　（f）周口市2015年

图 4－6　1972 年和 2015 年研究区市域聚落面积幂指数分布模型（剔除异常值）

表 4-3 1972~2015 年研究区市域聚落面积幂指数线性回归的齐夫指数

地区		项目	1972 年	1995 年	2015 年
地级城市	开封市	齐夫指数	0.7813	0.8210	0.7774
		R^2	0.7731	0.7964	0.8553
	商丘市	齐夫指数	0.7497	0.7537	0.7531
		R^2	0.8385	0.8148	0.8530
	周口市	齐夫指数	0.6950	0.7418	0.7309
		R^2	0.8293	0.8257	0.8378
地级城市（剔除异常值）	开封市	齐夫指数	0.7621	0.8162	0.7764
		R^2	0.8128	0.8043	0.8571
	商丘市	齐夫指数	0.7459	0.7472	0.7506
		R^2	0.8461	0.8298	0.8578
	周口市	齐夫指数	0.6881	0.7393	0.7259
		R^2	0.8446	0.8309	0.8518

1972 年和 2015 年 3 个地级城市聚落斑块面积拟合得到的齐夫指数存在显著差异，开封市聚落斑块规模分布的齐夫指数有所减小，周口市和商丘市则有所增加，且齐夫指数均偏小。其中，齐夫指数偏小表明 3 个地区的聚落规模分布相对较为均匀，较大规模聚落发育不够突出，小规模的聚落数量相对较多且均处于较低位次。

剔除异常值后，市域层面上 3 个地区位序—规模测算的齐夫指数在 1972~2015 年均小于 1，但随时间波动变化，整体呈现出不同幅度的上升趋势，且模型的拟合优度也有所提升。（1）研究时段内，开封市、商丘市、周口市的齐夫指数上升幅度分别为 0.0143、0.0047、0.0378。齐夫指数的上升说明 3 个地区聚落体系的规模分布随着聚落规模增加而逐步发展。同时，随着城镇化的发展，城镇聚落规模有所扩大，城镇发育逐步趋于完善，但由于区域内规模较小的聚落数量较多，其变化幅度较小。（2）齐夫指数存在地区间差异。开封、周口地区的齐夫指数在研究时段内呈现出先升后降的态势，商丘地区则逐渐上升。造成这一发展差异的可能原因是：其一，研究区域整体聚落斑块数量较多，且不同规模范围内的聚落数量不同；其二，行政区划限制，使得各区域聚落斑块数量、规模也存在不同。

4.2.2.2　乡村位序—规模模型分析

由开封、商丘、周口市域层面聚落斑块面积与位序之间的半对数坐标图（$r-\ln area$），得到聚落面积对数与位序之间的负指数分布拟合方程、拟合优度和相邻聚落面积变化率（见表 4-4、图 4-7），可以看出：（1）位次靠前的聚落面积较大，在半对数坐标图上明显高于拟合直线，以乡村位序—规模法则进行模型分析的理论值明显偏小。这是由于区域内聚落面积发展较快，增速明显，尤其是城镇聚落面积在城镇化过程中增长明显。（2）开封、商丘、周口聚落面积负指数分布得到的拟合直线斜率较小，相邻聚落规模变化率较为趋近于 1。研究区域内分布有大量的村庄聚落，其面积较小，多数分布在拟合直线上和拟合直线的尾部。（3）3 个地区负指数分布模型的拟合优度相对较高，其中，开封、周口的模型拟合优度先升后降，商丘的模型拟合优度逐渐上升。研究区域内面积小的村庄聚落相对较多，可以使用乡村位序—规模模型进行测度，但与城镇聚落位序—规模模型测度得到的拟合优度逐渐上升的变化不同，整体上开封、周口乡村位序—规模模型的拟合优度逐渐下降，商丘则有小幅度上升，这说明在城镇化过程中，随着聚落面积的增加，地区城乡聚落规模体系逐渐呈现出城镇引领型发展的态势，城镇聚落面积发展较快，乡村聚落面积发展相对缓慢，这也是造成负指数分布模型的拟合优度较高的原因之一。

表 4-4　1972～2015 年研究区市域聚落面积负指数线性回归模型

地区	年份	拟合直线斜率	拟合优度 R^2	相邻变化率 δ
开封	1972	-0.0006	0.9357	0.9996
	1995	-0.0007	0.9491	0.9996
	2015	-0.0008	0.9186	0.9995
商丘	1972	-0.0002	0.9324	0.9999
	1995	-0.0002	0.9367	0.9999
	2015	-0.0002	0.9394	0.9999
周口	1972	-0.0002	0.9383	0.9999
	1995	-0.0002	0.9466	0.9999
	2015	-0.0002	0.9272	0.9998

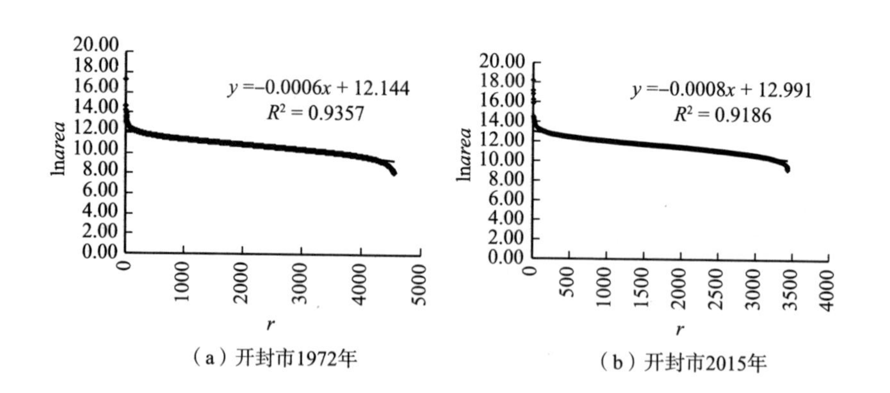

（a）开封市1972年　　（b）开封市2015年

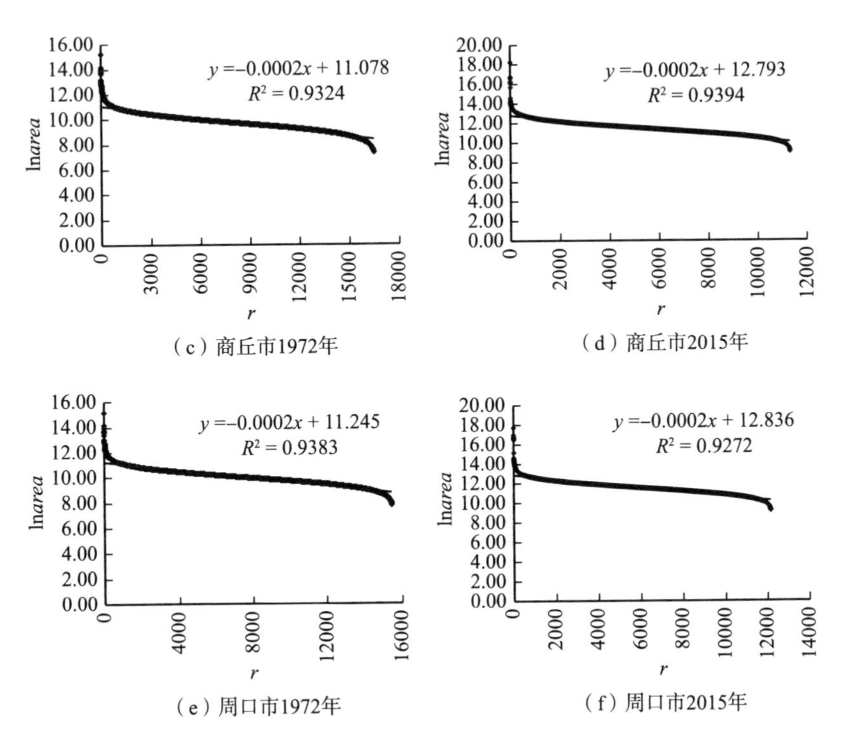

图4－7 1972年和2015年研究区市域聚落面积负指数分布模型（剔除异常值）

4.3 聚落规模等级分析

4.3.1 聚落规模等级划分

由于县城、乡、镇等聚落规模与乡村聚落规模相比而言较大，因此，为更加深入地分析研究区乡村聚落规模的等级变化情况，在此将区域内的城镇聚落斑块单独列出，对乡村聚落规模等级进行划分，以明晰区域内乡村聚落规模的变化特征。已有关于聚落规模等级划分的研究是通过计算区域内聚落斑块面积的均值来进行相对和绝对规模等级划分（罗光杰等，2011；李阳兵等，2016）。在此考虑研究区聚落斑块规模等级的实际情况，借鉴已有的聚落规模等级划分方法，将乡村聚落规模大小划分为五个等级，分别按照各年份聚落斑块平均面积对其进行相对规模和绝对规模等级划分，并由大到小依次记为Ⅰ（大）、Ⅱ（较大）、Ⅲ（中等）、Ⅳ（较小）、Ⅴ（小）。具体划分如下：

$$\begin{cases} \text{Ⅰ（大）：} A_i \geqslant 4\overline{A} \\ \text{Ⅱ（较大）：} 2\overline{A} \leqslant A_i < 4\overline{A} \\ \text{Ⅲ（中等）：} \overline{A} \leqslant A_i < 2\overline{A} \\ \text{Ⅳ（较小）：} \frac{1}{2}\overline{A} \leqslant A_i < \overline{A} \\ \text{Ⅴ（小）：} A_i < \frac{1}{2}\overline{A} \end{cases} \tag{4-5}$$

式中，A_i 表示第 i 个聚落斑块的面积，$\overline{A}$ 表示各时期聚落斑块平均面积。

4.3.2 聚落面积规模等级变化

根据研究区聚落斑块面积数据，通过计算可得到相应年份相应地区聚落面积的规模等级划分的间断点（见表4-5），据此对不同规模等级的聚落斑块数量进行统计和分析（见表4-6和表4-7）。

表 4－5　研究区市域聚落面积规模等级划分间断点

地区	年份	$1/2\overline{A}$	$\overline{A}$	$2\overline{A}$	$4\overline{A}$
开封	1972	35919.01	71838.02	143676.04	287352.08
	1995	91877.47	183754.93	367509.86	735019.72
	2015	100554.60	201109.19	402218.38	804436.76
商丘	1972	12093.58	24187.15	48374.30	96748.60
	1995	55933.32	111866.63	223733.26	447466.52
	2015	71932.14	143864.28	287728.56	575457.12
周口	1972	14793.00	29586.00	59172.00	118344.00
	1995	52790.80	105581.59	211163.18	422326.36
	2015	77371.32	154742.63	309485.26	618970.52

表 4－6　研究区市域聚落面积规模等级聚落斑块数量（相对等级划分）

地区	规模等级	1972 年	1995 年	2015 年
开封	Ⅰ（大）	61	66	34
	Ⅱ（较大）	278	298	143
	Ⅲ（中等）	1026	937	584
	Ⅳ（较小）	1486	1247	1118
	Ⅴ（小）	1733	1581	1553
商丘	Ⅰ（大）	316	244	176
	Ⅱ（较大）	1131	1042	715
	Ⅲ（中等）	3668	3217	2330
	Ⅳ（较小）	5805	4923	3708
	Ⅴ（小）	5588	4770	4398
周口	Ⅰ（大）	243	212	161
	Ⅱ（较大）	1102	1141	727
	Ⅲ（中等）	3821	3440	2632
	Ⅳ（较小）	5709	4978	4215
	Ⅴ（小）	4656	5085	4452

表 4－7　研究区市域聚落面积规模等级聚落斑块数量（绝对等级划分）

地区	规模等级	1972 年	1995 年	2015 年
开封	Ⅰ（大）	61	633	673
	Ⅱ（较大）	278	1124	887
	Ⅲ（中等）	1026	1150	911
	Ⅳ（较小）	1486	781	670
	Ⅴ（小）	1733	441	291
商丘	Ⅰ（大）	316	5454	5408
	Ⅱ（较大）	1131	4878	3604
	Ⅲ（中等）	3668	2701	1821
	Ⅳ（较小）	5805	913	446
	Ⅴ（小）	5588	250	48
周口	Ⅰ（大）	243	4063	5043
	Ⅱ（较大）	1102	4981	4157
	Ⅲ（中等）	3821	3811	2285
	Ⅳ（较小）	5709	1616	608
	Ⅴ（小）	4656	385	94

从对开封、商丘、周口聚落斑块面积不同规模等级相对变化的聚落斑块数量分析来看（见表 4－6、图 4－8），不同时点 3 个地区的Ⅴ级小规模聚落数量较多，面积较大的Ⅰ级大规模聚落数量和Ⅱ级较大规模聚落数量较少，即高等级聚落数量较少，低等级聚落数量较多，但随着区域内聚落的发展变化，各规模等级的聚落数量随之发生变化。

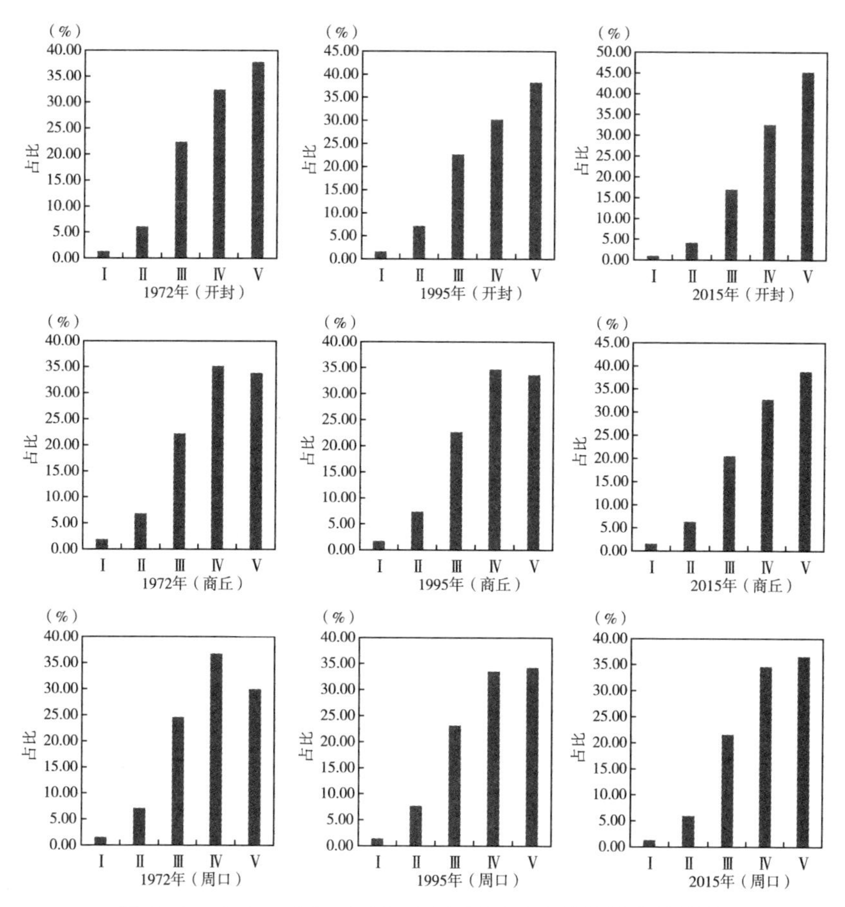

图4－8　1972～2015年研究区市域不同规模等级占比变化

从对聚落面积不同规模等级绝对变化的聚落斑块数量分析来看（见表4－7），开封、商丘、周口不同规模等级聚落数量发生较大变化，随着聚落发展变化，至2015年小规模聚落数量减少明显，大规模聚落数量增加明显，但聚落数量变化存在一定的区域差异。

具体来看，（1）开封Ⅰ级大规模聚落数量由1972年的61个增加至2015年的673个，数量增加明显，且1972～1995年大规模聚落数量增加显著，1995～2015年大规模聚落数量也有所增加，但增加幅度相对前一阶段有所减缓；Ⅳ级较小规模聚落数量和Ⅴ级小规模聚落数量减少明显，斑块数量占比由1972年的70.22%下降至28%。（2）商丘Ⅰ级大规模聚落数量由1972年的316个增加至5408个，占比由1.91%上升至47.74%，且1972～1995年大规模聚落数量增加显著；Ⅳ级较小规模聚落数量和Ⅴ级小规模聚落数量减少明显，斑块数量占比则由69.02%下降至4.36%。（3）周口Ⅰ级大规模聚落数量由243个增加至2015年的5043个，数量增加明显，且1972～1995年大规模聚落数量增加较1995～2015年更为显著；Ⅳ级较小规模聚落数量和Ⅴ级小规模聚落数量减少明显，斑块数量占比由66.74%下降至5.76%。

由于1972年开封、商丘、周口聚落斑块规模较小，计算得到的间断点数值较小，以1972年各间断点对1995年和2015年聚落斑块面积进行不同规模等级的划分，会导致市域范围内的Ⅰ（大）、Ⅱ（较大）聚落数量显著增加，而Ⅳ（较小）和Ⅴ（小）聚落数量显著减少。同样，以相应年份的间断点对聚落规模等级进行划分，各规模等级聚落数量变化相对并不明显。

4.4 本章小结

本章基于研究区的聚落斑块面积数据，借助于频数分布、核密度曲线、城镇/乡村位序—规模模型对聚落数量、聚落规模变化情况和聚落规模分布情况进行具体分析，同时对开封、商丘、周口的聚落规模等级进行划分，分析研究时段内聚落规模等级变化情况。书中在上述分析的基础上主要得到以下结论：

（1）以聚落斑块面积测度聚落规模变化，研究区聚落斑块总面积增加，最大聚落斑块面积增加，但最大聚落斑块指数有所下降，同时研究时段内斑块数量逐渐减少。市域中观尺度上聚落面积的变化也表明了上述特征。随着聚落斑块面积的增加，较大规模聚落数量随之有所增加，2015 年较多数量的聚落规模分布在 $10^4 \sim 10^6$ 平方米，整体上以聚落面积衡量的聚落规模频数最高值逐渐右偏，且呈现扁平化态势；聚落面积绘制得到的核密度曲线始终为“单峰”，且峰值逐渐右移。

（2）借助于位序—规模模型对区域聚落规模分布进行分析：第一，聚落面积数据的位序—规模变化，分析发现其拟合得到的齐夫指数均小于 1 且逐渐上升。聚落规模分布的拟合指数小于 1，说明研究区域内中小规模聚落数量较多，且聚落规模分布较为分散，高位次聚落规模不很突出，聚落体系发育明显弱于城市规模分布；拟合指数的逐渐上升说明市域层面上区域内聚落规模不断增长，区域聚落体系在这一过程中随之发生变化，研究区聚落规模分布逐渐趋于集中分布。第二，基于市域聚落斑块面积数据，使用城镇位序—规模模型分析得到的拟合优度有所上升，而乡村位序—规模模型的拟合优度有所下降，说明市域聚落规模分布有趋向于城镇规模分布的态势，但由于区域内小规模聚落数量较多，这一态势的变化幅度微弱。

（3）对研究区聚落斑块面积进行绝对等级划分和相对等级划分。随着聚落面积的扩大和人口的增长，不同规模等级的聚落数量随之发生变化，以相对等级划分的聚落规模等级变化程度弱于绝对等级划分，但绝对规模等级划分显示，区域内高等级聚落数量增加，低等级聚落数量减少。在研究时段内面积较小的聚落数量在逐渐减少，面积较大的聚落数量则逐渐增加。

第5章

聚落空间格局变化

聚落的发展变化，不仅是数量、规模的变化，同样也是空间分布格局的变化，它是一个统一的演变过程（李阳兵等，2016）。豫东平原地区涵盖区域范围广，聚落斑块数量较多，且规模不一，既有规模较大的城镇聚落，也分布着规模较小的乡村聚落，在长时段的发展过程中逐渐形成小城市、城镇、乡镇、村落等不同规模的聚落分布格局。在国家城镇化、城乡统筹发展过程中，我国城乡聚落规模不断发生着变化，聚落空间分布格局也随之发生变化（李全林等，2012；吴江国等，2014；马恩朴等，2016；郭炎等，2018；王林和曾坚，2021）。已有对于聚落空间格局变化的研究取得了丰硕的成果，也具有重要的实践意义和现实意义，然而相对于多数关注典型山地、丘陵地区及岩溶地区聚落空间格局变化的研究，对平原地区的关注相对较少。在此，结合研究区聚落斑块面积数据，采用平均最近的相邻要素、创建泰森（Voronoi）多边形、核密度分析、邻域分析等空间分析工具对研究区聚落空间格局变化特征进行具体的分析。

5.1 聚落空间分布分析

研究时段内区域聚落斑块规模变化较大，其空间分布也有明显变化（见图5-1）。(1) 研究区整体上聚落斑块规模逐渐扩大，空间范围扩张，其中，中心城区、小城镇聚落斑块的规模变化相对较为明显，村庄聚落斑块的规模也不断增加，但变化幅度相对城镇聚落斑块而言不大。(2) 研究时段内聚落斑块规模增加的同时，随着地区社会经济发展，研究区域内的交通网络也在逐渐密集，规模较大的聚落斑块（中心城市市辖区、小城镇等）多分布在交通节点上

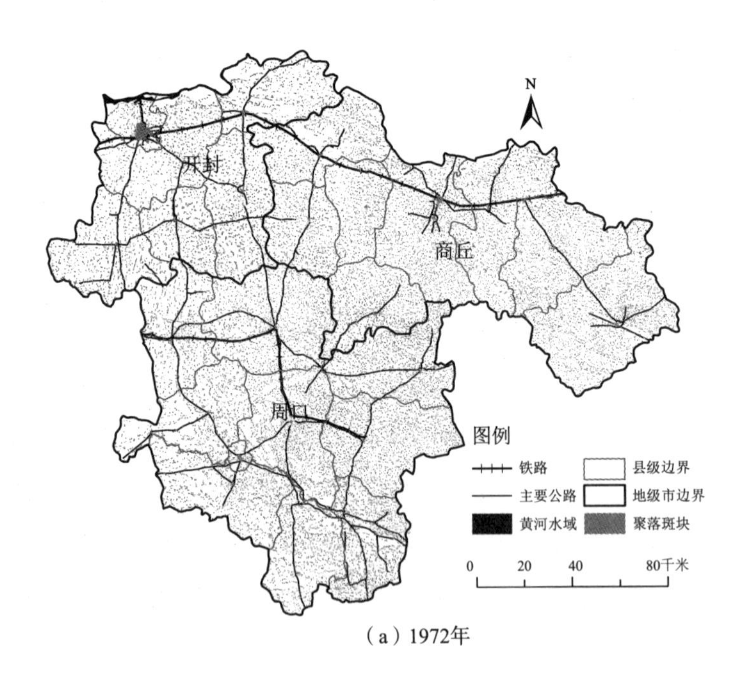

(a) 1972年

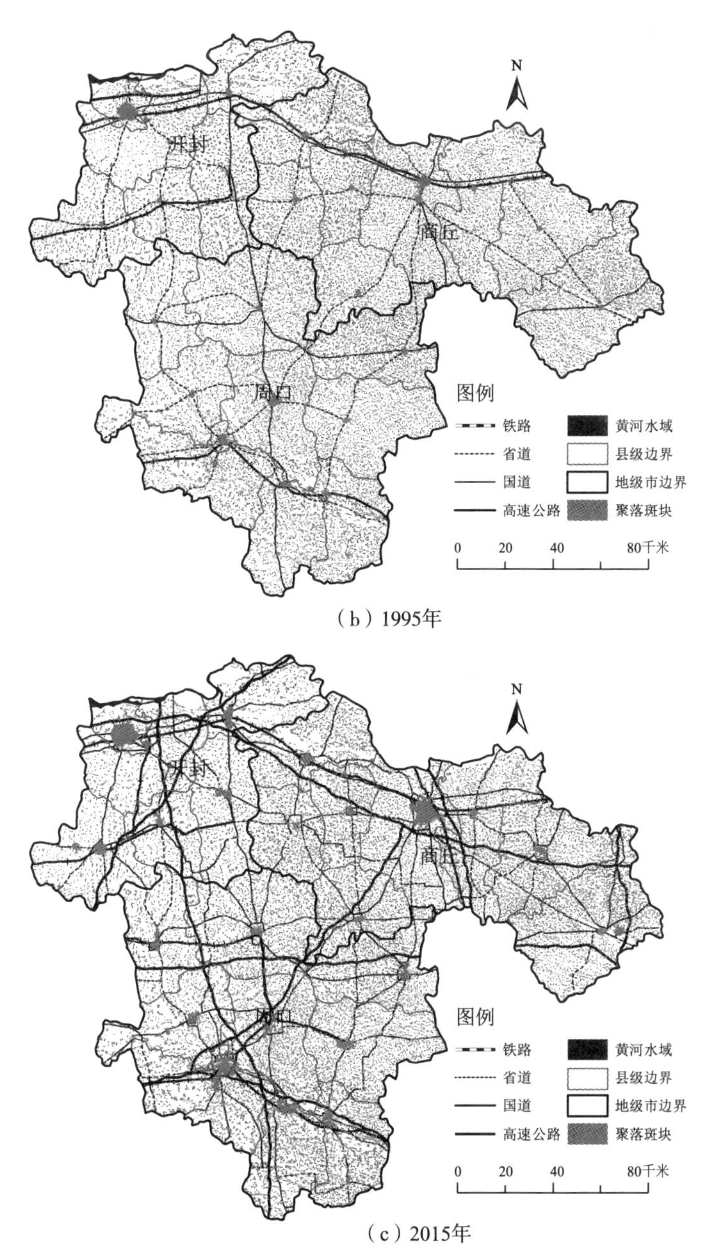

图5-1 1972~2015年研究区聚落斑块空间分布

或沿主要交通线分布。(3) 研究区域内的聚落斑块数量较多，既有较大规模的城镇聚落斑块，也有规模较小的村庄聚落斑块，相对于较大规模聚落而言，研究区分布着数量较多的规模较小的村庄聚落。

5.2 聚落空间格局分析

5.2.1 聚落分布平均最近邻指数分析

5.2.1.1 平均最近邻指数

平均最近邻指数 (average nearest neighbor, ANN) 主要通过聚落斑块点的中心与其最邻近聚落点之间的平均距离与假设随机分布的期望平均距离进行分析，进而来判断聚落是随机分布还是集聚分布。它用来表征聚落用地的总体聚散程度，判断聚落用地总体聚散变化特征 (马晓冬等, 2012)。公式如下：

$$ANN = \frac{\overline{D_0}}{D_e} = \frac{\sum_{i=1}^{n} \frac{d_i}{n}}{\frac{\sqrt{\frac{n}{A}}}{2}} \tag{5-1}$$

式中，$\overline{D_0}$ 表示聚落斑块质心与最邻近斑块质心平均距离的观测值；D_e 表示随机分布模式下斑块质心最近邻平均距离的期望值；d_i 为斑块质心间距离；n 为斑块总数；A 为研究区面积。若 $ANN < 1$，表示聚落斑块分布呈集聚模式；反之，则表示聚落斑块分布模式趋向于离散或竞争。为进一步检验结构的显著性，可使用 Z 值和 p 值

进行检验。

5.2.1.2 平均最近邻指数分析

通过计算研究区域和市域层面聚落斑块的平均最近邻指数及相关统计值（见表5－1）可以看出，不同时间点研究区域聚落斑块计算的*ANN*指数均小于1，且*Z*值均小于－1.96，表明3个年份研究区聚落斑块在空间上表现为聚集分布模式，且这一聚集态势均呈现出显著状态。研究时段内*ANN*指数的增加幅度为0.13，年均增长0.32%，说明区域聚落斑块空间分布的聚集程度有所减弱。

表5－1 聚落斑块平均最近邻指数（*ANN*）

年份	指数	研究区域	开封市	商丘市	周口市
1972	*ANN*	0.8195	0.8083	0.8594	0.7934
	*Z*值	－66.0748	－24.8350	－33.5119	－50.7758
	*p*值	0.00	0.00	0.00	0.00
1995	*ANN*	0.9379	0.9124	0.9344	0.9527
	*Z*值	－21.6499	－10.7647	－14.9640	－11.0408
	*p*值	0.00	0.00	0.00	0.00
2015	*ANN*	0.9488	0.9147	0.9656	0.9567
	*Z*值	－16.0871	－9.5660	－7.2606	－8.8223
	*p*值	0.00	0.00	0.00	0.00

进一步对市域尺度上聚落斑块的*ANN*指数进行分析发现，开封市、商丘市、周口市范围内的*ANN*指数在3个年份也均小于1，说明各区域聚落分布均表现为聚集分布模式，且相应的*Z*值和*p*值显示聚落聚集态势具有较强的显著性。时间序列上，3个地区2015年的*ANN*指数均大于1972年和1995年，表明3个地区聚落斑块聚集程度有所降低，但降低程度略有差异。对比来看，研究时段内商丘

市 *ANN* 指数较大，其次为周口市和开封市，说明商丘市聚落斑块分布聚集程度低于周口市和开封市。

5.2.2 聚落分布 Voronoi 图分析

5.2.2.1 Voronoi 多边形

使用计算几何学中 Voronoi 图的变异系数 *Cv* 值对城乡聚落居民点空间分布状况进行分析。对于平面上的 n 个离散点，Voronoi 图可将平面分为若干区域，每一个区域包括一个点，点所在的区域是到该点距离最近点的集合（覃瑜和师学义，2012）。Voronoi 模型构建原理如下：

设平面上的一个离散发生点集 $P = \{p_1, p_2, \cdots, p_n\}$，其中，$3 \leqslant n < \infty$，$x_i \neq x_j$，$i \neq j$，$i \in I_n$，$j \in I_n$。由

$$v(p_i) = \{p \mid d(p, p_i) \leqslant d(p, p_j), j \neq i, j \in I_n\} \tag{5-2}$$

给出的区域成为生长点 p_i 的 Voronoi 多边形，而所有生长点 p_1，p_2，…，p_n 的 Voronoi 多边形的集合 $V = \{V(p_1), V(p_2), \cdots, V(p_n)\}$ 构成了 P 的 Voronoi 图，d 为两点间的距离。

书中以城乡聚落居民点质心为发生点，构造区域内的 Voronoi 多边形，从而得到研究区域城乡聚落居民点的 Voronoi 图。每一个多边形只包含有一个居民点斑块。即，Voronoi 多边形面积大的居民点距离其相邻居民点距离远。

此外，基于 Voronoi 多边形面积测算的变异系数 *Cv* 则可以用来衡量要素在空间上的相对变化程度（余兆武等，2016）。公式如下：

$$Cv = \left(\frac{Std}{Ave}\right) \times 100\% \tag{5-3}$$

式中，*Std* 和 *Ave* 分别表示 Voronoi 多边形面积的标准差和平均

值。利用 Cv 值分析点模式时，参照已有学者研究，对其分布模式进行分类，即当 Cv 值 >64% 时，点集为集群分布；当 Cv 值 <33% 时，点集为均匀分布；当 Cv 值介于 33% ~64% 之间时，点集为随机分布（Duyckaerts and Godefroy，2000）。

5.2.2.2 Voronoi 多边形分析

在 ArcGIS 软件中通过聚落斑块质心的提取，在市域尺度上依据聚落斑块质心点位发生单元创建 Voronoi 多边形集合，得到各地区聚落斑块 Voronoi 图（见图 5－2），并计算相应年份的 Cv 值（见表 5－2）。整体上，研究区域 Voronoi 多边形空间分布表现出集聚状态，1972 ~2015 年开封市、周口市和商丘市的中心城区及其周边地区 Voronoi 多边形有所变化，说明中心城区、县城所在地的聚落面积有所扩大。基于 Voronoi 图计算得到的 Cv 值均大于 64%，说明研究区聚落斑块点集为集群分布，但集群趋势相对较弱。由于研究区域为平原地区，乡村聚落的空间分布与山区相比，相对较为分散，较少受到地形条件的制约。2015 年研究区聚落分布 Cv 值高于其他两个年份，说明随着聚落发展其集群分布程度有所下降。

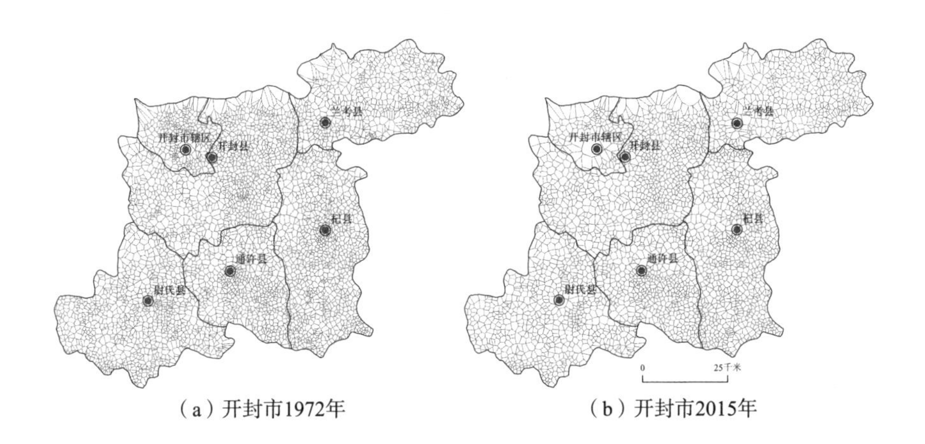

（a）开封市1972年　　（b）开封市2015年

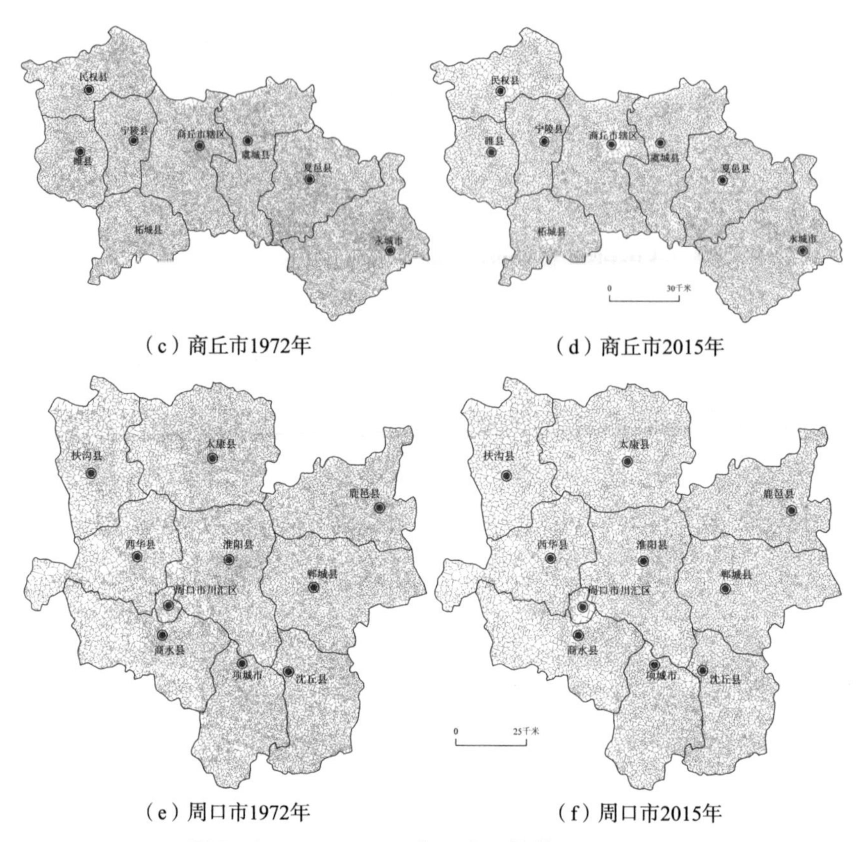

（c）商丘市1972年　　（d）商丘市2015年

（e）周口市1972年　　（f）周口市2015年

图 5－2　1972～2015 年研究区聚落 Voronoi 图

表 5－2　　研究区聚落斑块分布的 *Cv* 值

年份	*Cv* 值（%）			
	研究区域	开封市	商丘市	周口市
1972	73.67	67.56	61.48	67.49
1995	67.14	69.14	52.16	58.68
2015	75.53	72.66	70.00	63.67

市域层面上，3 个地区均表现出集群分布状态。开封市 Voronoi 多边形的 *Cv* 值在 1972 年、1995 年和 2015 年均大于 64%，表明开封市聚落斑块空间上表现为集群分布，且 2015 年更为集聚；商丘市

1972 年和 1995 年的 *Cv* 值小于 64%，而 2015 年的 *Cv* 值大于 64%，表明商丘市的聚落斑块空间上逐渐趋近于集群分布；周口市 1972 年 *Cv* 值大于 64%，而 1995 年和 2015 年的 *Cv* 值小于 64%，但较趋近于 64%，表明周口市聚落斑块空间上表现为微弱的随机分布状态。

综合来看，研究时段内研究区聚落斑块 *ANN* 指数的计算结果显示各地区聚落分布集聚程度有所降低，而 Voronoi 图模型计算结果则显示开封市和商丘市的集聚程度有所上升，周口市则有所下降。造成这一分析结果存在差异的原因可能是由于城镇化快速发展，城镇地域空间逐渐扩展，致使中心城市周边部分村庄被逐渐融合，偏远条件较差的村庄居民迁入条件优越的村镇，且逐渐发展成为规模较大的中心村镇，而原有村落在人口迁出之后并未消失，逐渐形成“空心村”，这可能是平均最近邻分析时研究区聚落集聚程度下降的原因之一，由于平均最近邻分析是将提取得到的聚落斑块面状数据转化为点状数据来进行分析。另一方面，也有学者认为在计算 Voronoi 模型 *Cv* 值时，数值大小会受到观测物周期性结构等多种因素的影响，需要对其进行综合判别（党国锋等，2010）。这两个方面或许是导致两种模型计算结果出现偏差的原因。

5.2.3　聚落分布核密度分析

5.2.3.1　核密度估算

核密度估算（kernel density estimation，KDE）是属于非参数密度估计的一种统计方法，可用于测度聚落空间分布密度。通过核密度估计反映聚落斑块密度的局部区域差异。核密度值越高，聚落分布越集中。其表达式如下：

$$f(x, y) = \frac{1}{nh^2}\sum_{i=1}^{n} k\left(\frac{d_i}{n}\right) \tag{5-4}$$

式中，$f(x, y)$ 为位于（x，y）位置的密度估计；n 为观测数量；h 为带宽；k 为核函数；d_i 为位置距第 i 个观测位置的距离。在核密度估计中，搜索半径是一个重要的参数。

5.2.3.2 核密度分析

对研究区市域尺度上聚落斑块的核密度分布分析时，经过多次尝试，书中设置搜索半径为5千米，得到区域聚落斑块的核密度空间变化情况（见图5-3）。(1) 研究时段内开封市、商丘市、周口市聚落斑块核密度的最高值均降低，下降幅度分别为0.6781、1.6236、0.7576，表明部分地区单位面积内聚落斑块数量有所减少，且减少情况存在地区差异。(2) 3个地区的核密度图分布格局大致相似，然而在市域范围内的局部地区则出现多核扩散趋势，且各地级城市中心城区部分由于建成区面积的增加，聚落斑块规模扩大，使其空间范围向外扩展，部分村落被融合导致这一区域范围内的聚落斑块数量有所减少，进而使得核密度值由高值变为低值，使其空间变化相对较为明显。

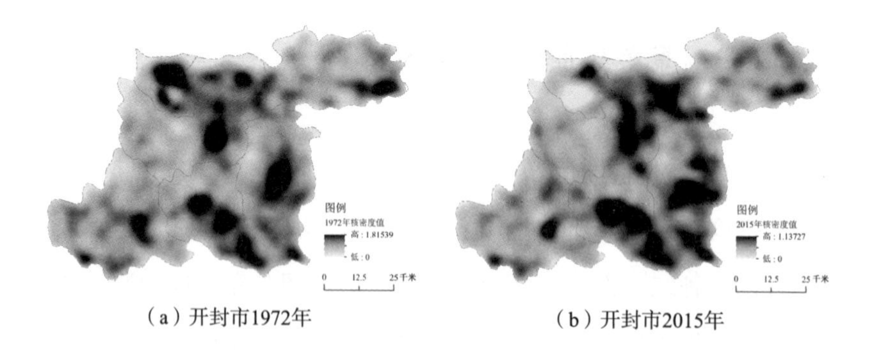

(a) 开封市1972年　　(b) 开封市2015年

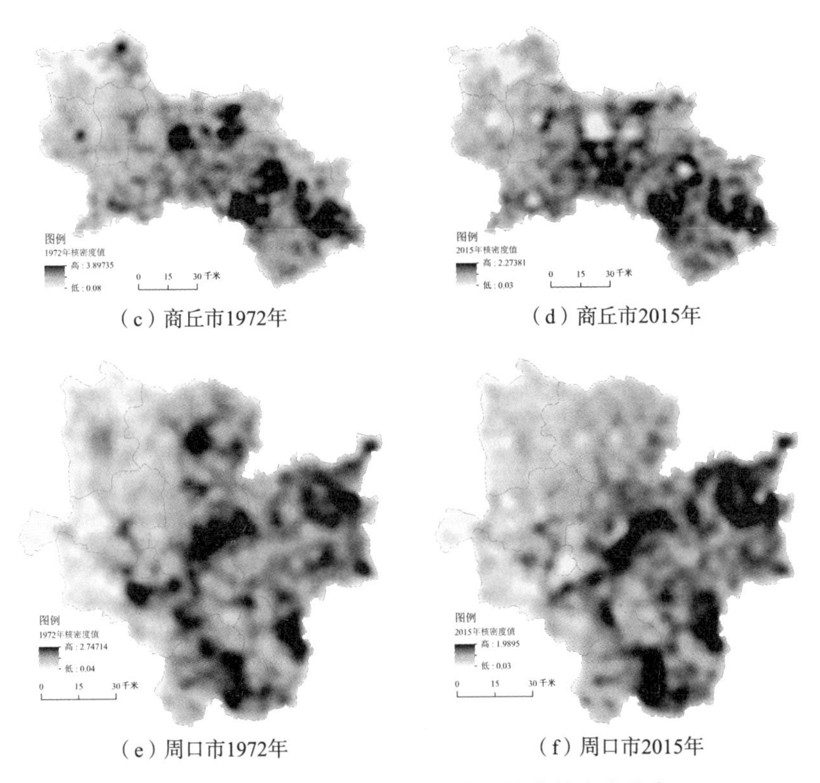

（c）商丘市1972年　　（d）商丘市2015年

（e）周口市1972年　　（f）周口市2015年

图5－3　1972年和2015年研究区聚落核密度分布

5.2.4　聚落分布形状指数分析

5.2.4.1　斑块形状指数

斑块形状指数（patch shape index，PSI）可以用来表征聚落斑块形状的复杂程度，即聚落形状与相同面积的正方形之间的比值。公式如下：

$$PSI = \frac{0.25P}{\sqrt{A}} \tag{5-5}$$

式中，P 表示聚落斑块的周长，A 表示聚落斑块面积；PSI 表示聚落斑块形状与正方形之间的差异程度。一般情况下，正方形的形状指数为 1，PSI 值越大，表示斑块形状与正方形之间的差异越大，斑块形状越长。当 $0 < PSI \leqslant 1$，表示聚落形状相对稳定，与正方形之间差异较小；$1 < PSI \leqslant 3$，表示聚落形状与正方形之间差异相对较大，形状趋于狭长或曲折；PSI 值大于 3 时，表示斑块形状呈现为狭长或曲折。

5.2.4.2 聚落斑块形状指数分析

1972 ~2015 年聚落斑块的形状指数发生较大变化（见图 5－4），1972 年狭长或曲折聚落分散布局，但局部地区集中，在周口市范围内分布数量相对较多；2015 年狭长或曲折聚落仍分散布局，但数量减少明显，仅分布在周口市和商丘市的部分地区。同时，聚落斑块形状指数在（0，3］之间的斑块数量在区域内分布较多，且介

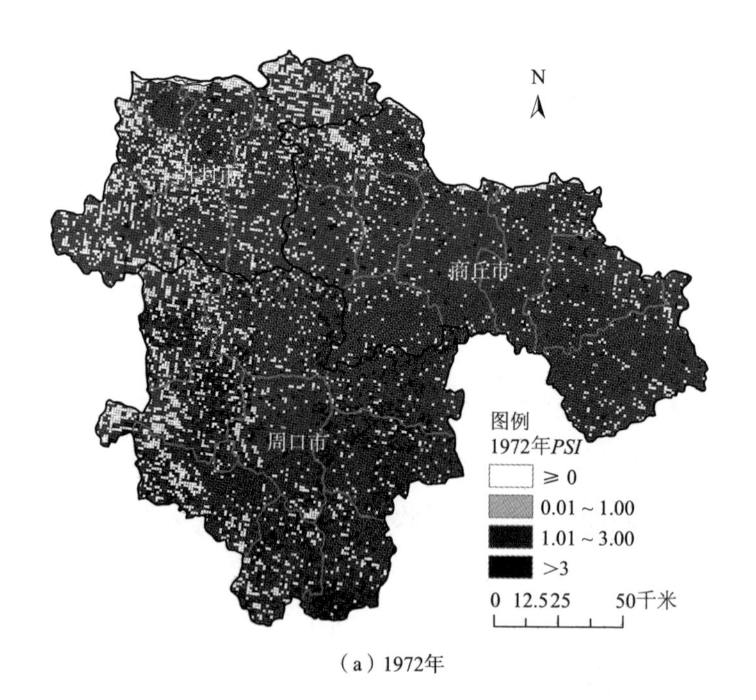

（a）1972年

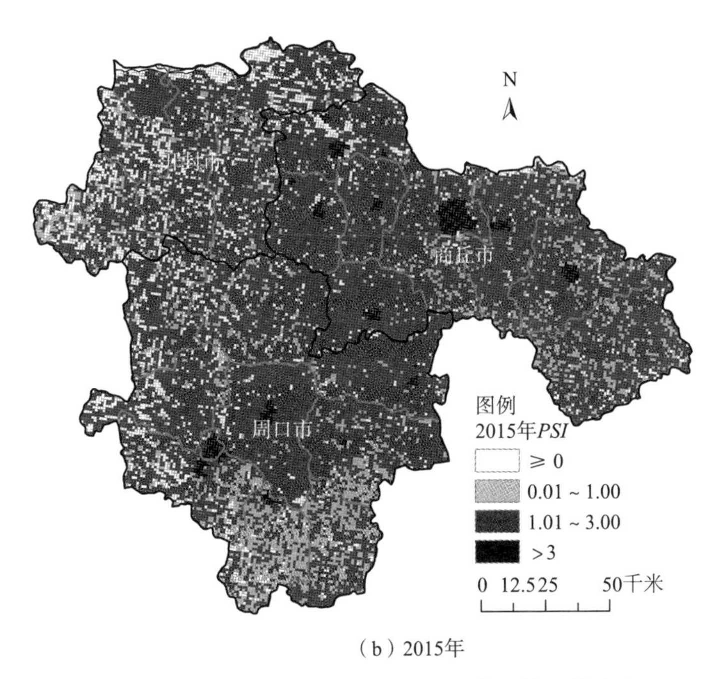

（b）2015年

图5－4　1972年和2015年研究区聚落斑块形状分布

于（0，1］的聚落数量有所增加，表明部分地区聚落斑块形状趋于更为规则。同时，周口市部分地区的聚落形状在1972年为狭长或曲折的斑块在2015年变得更加规则。40多年间，研究区聚落形状趋于更加规则，聚落斑块形态分布呈现出一定局部集中性特征。

5.3　聚落空间邻近距离分析

5.3.1　聚落斑块到邻近县/区的空间距离变化

通过测算县/区之外其他的所有聚落斑块到最近县/区中心的邻

近距离（见表5-3），可以看出，1972～2015年研究区聚落斑块与县/区所在地之间的空间邻近距离呈现出减小的态势。聚落斑块到县/区中心的空间邻近距离的最大值、邻近距离之和、平均邻近距离、邻近距离标准差均有所下降，邻近距离的最小值则有微弱的增加态势。(1) 1972年聚落到县/区中心的邻近距离的最大值、邻近距离之和、平均邻近距离在3个年份均较大，说明该年份研究区聚落斑块与县/区中心之间的空间联系相对较弱。(2) 较之于1972年、1995年和2015年聚落到县/区中心的邻近距离的最大值、平均邻近距离均有所下降，且所有聚落的邻近距离之和下降幅度更趋明显，这一分析说明地区经济发展和城镇化过程中，研究时段内聚落规模在发生变化的同时，区域聚落与县/区中心之间的空间联系也在逐渐增强。

表5-3　研究区聚落到县/区的空间邻近距离统计指标

统计指标	1972年	1995年	2015年
聚落数量（个）	36599	33156	26922
邻近距离最大值（米）	43111.39	42105.46	40804.84
邻近距离最小值（米）	4.93	5.64	15.00
邻近距离之和（千米）	514071.60	433864.32	329427.61
平均邻近距离（米）	14046.06	13085.54	12236.37
邻近距离标准差	7482.81	7354.41	7455.31

根据研究区聚落到县/区的平均最邻近距离数值创建频数分布直方图，图格数目均设置为80（见图5-5），可以看出，3个年份最近邻距离频数分布最高值均呈现出左偏态势，即最近邻距离数值相对较小的聚落斑块数量相对较多，最近邻距离数值大的聚落斑块数

量相对较少。随着区域内聚落斑块面积和数量的变化，聚落到县/区的平均最近邻距离减小，与县/区的空间联系有所加强，同时，聚落最近邻距离的最大值也呈现出下降的态势。

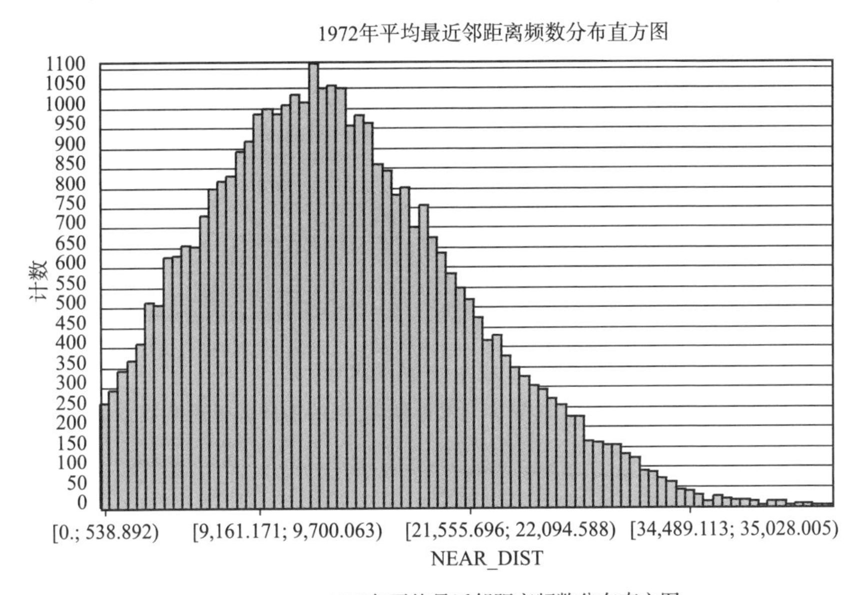

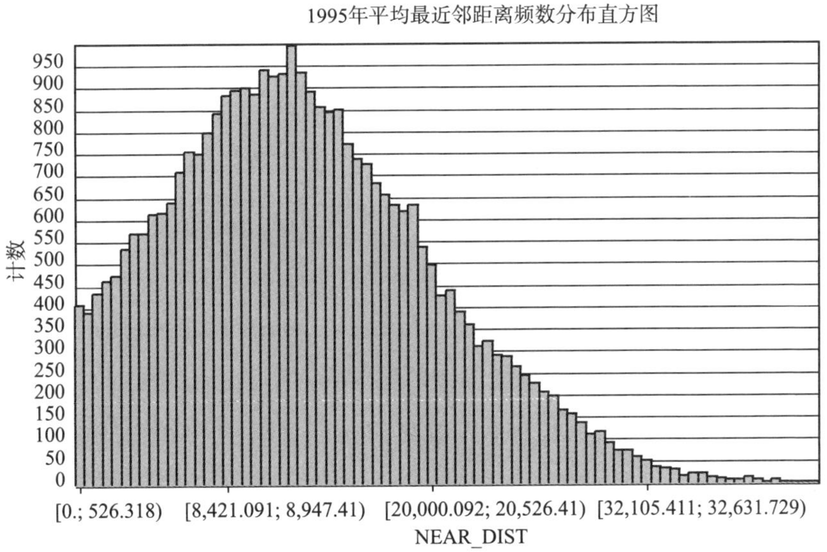

1995年平均最近邻距离频数分布直方图

计数

950 900 850 800 750 700 650 600 550 500 450 400 350 300 250 200 150 100 50 0

[0.; 526.318)　[8,421.091; 8,947.41)　[20,000.092; 20,526.41)　[32,105.411; 32,631.729)

NEAR_DIST

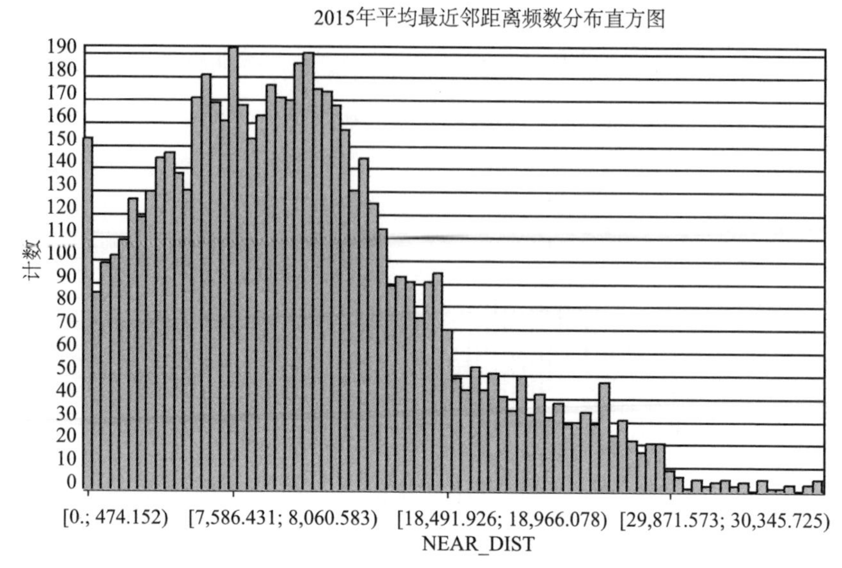

图 5－5　1972～2015 年研究区聚落到县/区的空间邻近距离直方图

5.3.2　不同等级聚落到邻近县/区的空间距离变化

基于第 4 章对研究区域聚落斑块面积的绝对等级划分和相对等级划分，进一步测算不同规模等级的聚落斑块到所属县/区中心聚落斑块的空间距离（见表 5－4），其他部分县域聚落到县/区中心空间距离的变化数据详见附录。在空间近邻距离测算的基础上，结合中心地理论不同规模等级聚落在空间上的分布情况进行深入分析。一般而言，等级越高的聚落，距其上一等级中心地的空间距离越远。

1972～2015 年不同规模等级的聚落到西华县县城中心的邻近距离发生着变化，同一年份不同等级聚落到县城的空间距离逐渐下降，不同年份同一等级聚落到县城的空间距离逐渐下降。具体来看：

表5-4 不同等级聚落斑块到县/区的空间邻近距离统计指标（以西华县为例）

年份	指标	Ⅰ级	Ⅱ级	Ⅲ级	Ⅳ级	Ⅴ级
1972	聚落数量（个）	20	99	324	401	265
	平均邻近距离（米）	15846.71	16539.93	14246.69	12303.67	12364.13
	邻近距离标准差	11092.82	10479.68	8209.59	6422.83	7812.02
1995	聚落数量（个）	16	68	252	386	448
	平均邻近距离（米）	18672.02	16325.55	13515.83	11492.32	12039.35
	邻近距离标准差	12471.40	9947.10	8328.27	6402.05	6530.89
2015	聚落数量（个）	18	51	180	323	354
	平均邻近距离（米）	13635.18	13142.02	12991.45	10586.03	10156.97
	邻近距离标准差	11496.24	9271.13	9502.87	6944.20	6454.63
1972～2015年变化幅度	平均邻近距离（米）	-2211.53	-3397.92	-1255.24	-1717.64	-2207.17
	邻近距离标准差	403.41	-1208.55	1293.29	521.37	-1357.39

（1）从同一年份不同规模等级聚落的空间邻近距离变化来看，聚落规模Ⅰ级（大）到Ⅴ级（小），聚落到县城的平均邻近距离、邻近距离标准差均逐渐下降。这一分析说明规模等级越高的聚落，其距县城的距离越远，这和中心地理论中次一等级中心地到其上一等级中心地的距离随着等级的增加而距离越大的结果一致。

（2）不同年份同一等级聚落空间邻近距离变化来看，Ⅰ～Ⅴ级聚落到县/区的平均邻近距离在研究时段内均有所下降，其中，Ⅰ级聚落到县城的平均邻近距离减少了2211.53米，Ⅱ级聚落的平均邻近距离减少幅度最大，为3397.92米；Ⅰ～Ⅴ级聚落在1972～2015年邻近距离标准差变化有所不同，Ⅰ级、Ⅲ级和Ⅳ级聚落到西华县县城的邻近距离标准差在研究时段内有所上升，而Ⅱ级、Ⅴ级聚落的邻近距离标准差则有所下降。

（3）1972～2015 年同一等级聚落到西华县县城空间距离的下降说明高等级聚落随着地区聚落的不断发展，其与县城的空间联系逐渐加强，且邻近距离标准差的下降说明这一规模等级内的聚落到县/区邻近距离的差异在逐渐减小。

5.4 聚落等级空间格局分析

5.4.1 聚落等级空间变化

在城镇化过程中，聚落规模及其空间格局处于动态发展变化中，不同规模等级的聚落结构也有所变化。事实上，乡村聚落体系的演化是一个动态的变化过程，其变化与城乡聚落整体演化是一个相互影响、相互促进、相互作用的过程（张京祥等，2002）。基于聚落体系演化的角度，学者张小林曾提出城乡聚落联系体这一概念（张小林，1999），这一概念认为聚落类型的连续性代表着城乡聚落职能的差异，聚落规模的连续性代表着地区经济发展的水平。故此，为揭示研究区 3 个时间点的聚落规模等级变化情况，在已有研究基础之上，对城镇化进程中研究区聚落规模等级的空间结构变化进行研究。

对市域尺度上聚落相对规模等级的空间分布进行横向比较（见图 5－6）。从不同规模等级的空间分布来看：（1）研究区域内Ⅰ级大规模聚落和Ⅱ级较大规模聚落分布相对较少，且较为分散，Ⅰ级聚落主要是中心城区、县城或聚落面积较大的乡镇聚落，且区域内分布有数量较多的Ⅳ级和Ⅴ级小规模聚落。（2）不同规模等级聚落分布逐渐变化，开封Ⅰ级聚落在3个年份的分布相对较为分散，对于商丘和周口而言，1972年Ⅰ级聚落较多地分布在商丘西部的民权县、睢县、柘城县和周口扶沟县、西华县、沈丘县等；1995年Ⅰ级聚落同样较多地分布在商丘民权县、柘城县、睢县、宁陵县，周口地区有所变化，Ⅰ级聚落较多地分布在鹿邑县、项城市、沈丘县等；2015年Ⅰ级聚落在开封、周口的分布相对分散，在商丘较多地分布在商丘西部的民权县、睢县、柘城县等。（3）开封、商丘、周口地区中心城区的聚落斑块面积较大，均属于Ⅰ级大规模聚落，且研究时段内空间规模范围逐渐变大。（4）市域范围内既分布有Ⅰ级、Ⅱ级大规模、较大规模聚落，也分布有数量较多的Ⅳ级较小规模和Ⅴ级小规模的聚落斑块，不同规模等级聚落构成了区域聚落体系。整体而言，研究区大规模等级聚落虽然不同时期划分标准不同，但均呈现“大分散、小集中”的空间分布特征。

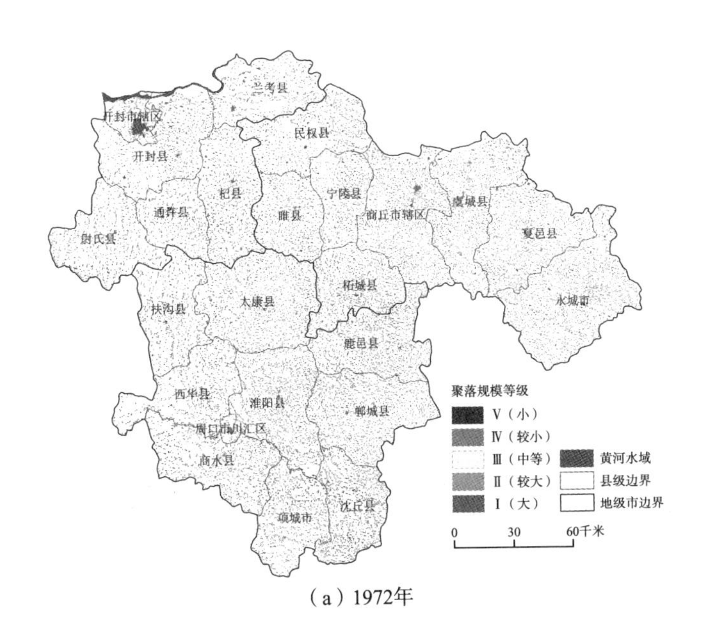

（a）1972年

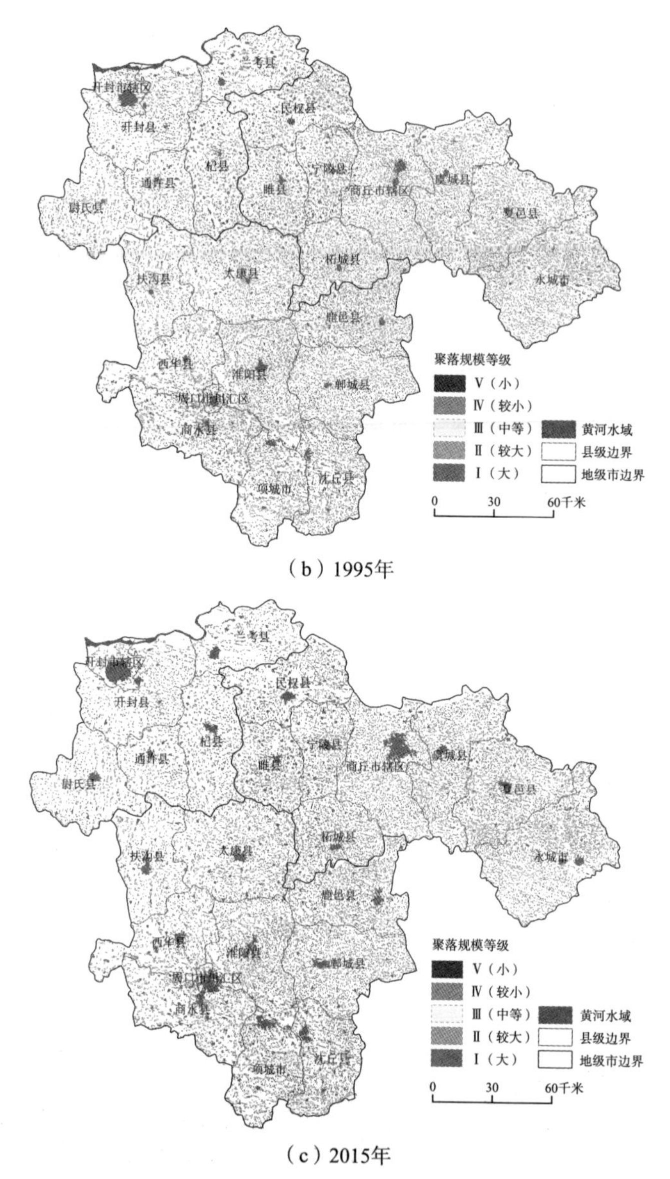

（b）1995年

（c）2015年

图 5-6　1972～2015 年研究区聚落斑块面积规模等级的变化（相对变化）

注：图中是1972 年的聚落斑块平均面积为统一标准将1995 年和2015 年的聚落进行5 个等级的划分。

5.4.2 聚落等级体系结构变化

5.4.2.1 聚落等级数量变化

聚落规模等级的相对变化情况更易显示不同年份不同等级聚落结构的变化情况（见图5－7），1972年、1995年和2015年研究区市域范围内高等级聚落数量相对较少，等级越低，聚落数量越多；反之，则聚落数量越少；整体上，开封、商丘、周口不同规模等级聚落数量分布大致表现为金字塔状。

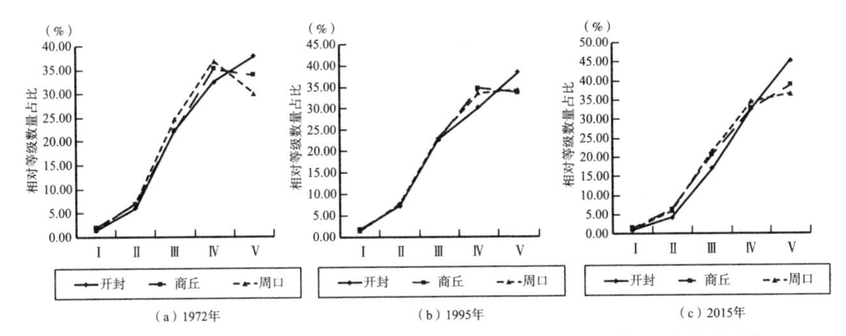

图5－7 1972～2015年研究区市域聚落斑块面积等级结构比例

聚落等级结构往往处于动态变化中，且其稳定性具有一定的相对性。研究时段内，开封、商丘、周口第Ⅱ～Ⅴ等级聚落等级数量相对百分比逐渐上升，且不同年份的聚落等级结构构成比例变化趋势大致相同。可以看出，Ⅰ级聚落斑块数量最少，Ⅴ级聚落斑块数量最多，且等级越低，聚落斑块数量波动幅度越大。在聚落等级结构占比中，开封Ⅰ级聚落占相应年份区域聚落斑块数量总体的比重分别为1.33%、1.6%、0.99%，该等级聚落数量占比较低，且变化幅度相对较小，这是由于长时段区域内聚落斑块数量减少的同时，Ⅰ级聚落数量占比随之趋减，但以绝对规模等级进行测算会发现Ⅰ级聚落数量会有明显增加，商丘、周口Ⅰ级聚落占比变化与开封相同。对于Ⅴ级聚落而言，1972 年开封、商丘、周口该等级聚落数量占比均较高，分别为 37.81%、33.85%、29.98%，在 2015 年也相对较高，但Ⅳ级聚落数量占比有所下降。总体上来看，开封、商丘、周口不同规模等级聚落在相应年份的数量占比大致呈现出金字塔分布，高等级聚落数量少，低等级聚落数量多。同时，随着聚落等级的逐渐变化，不同等级聚落数量占比的金字塔分布更趋明显。

5.4.2.2 聚落空间结构变化

聚落的空间结构模式是区域经济结构、社会结构、文化结构与区域内自然结构相互交织在地域空间上的投影（郭荣朝等，2013），是多种因素共同作用的结果。城乡聚落作为区域发展中的空间载体，其空间结构演变模式也是多种因素复合作用的结果，且聚落体系的发展和变化具有一定的规律可循。在此以研究区 Voronoi 分析图作为基础，通过与研究区县城和乡镇数据的叠加（见图 5 - 8）对研究区聚落空间结构变化进行分析。聚落等级比例变化与地区聚落空间结构分布密切相关。

1972 年开封Ⅰ级和Ⅱ级聚落数量比例为 1∶4.56，开封市辖区作为行政中心与开封 5 个县域之间的规模等级结构明显，2015 年开封Ⅰ级和Ⅱ级聚落数量比例为 1∶4.21，Ⅱ级聚落数量有较小幅度的下降，但与地区聚落发展现状一致，2014 年开封行政区划进行调整，撤销开封县，设立祥符区，使开封市区面积大幅增加，调整后的开封市区面积达到 1849 平方千米①，2013 年底开封市区行政区域

---

① 资料来源：国务院批复撤开封县设祥符区 开封市区面积增两倍多［EB/OL］.（2014 - 09 - 26）［2018 - 10 - 04］. 大河网，http：//news. dahe. cn/2014/09 - 26/103538615. html.

（a）开封市1972年

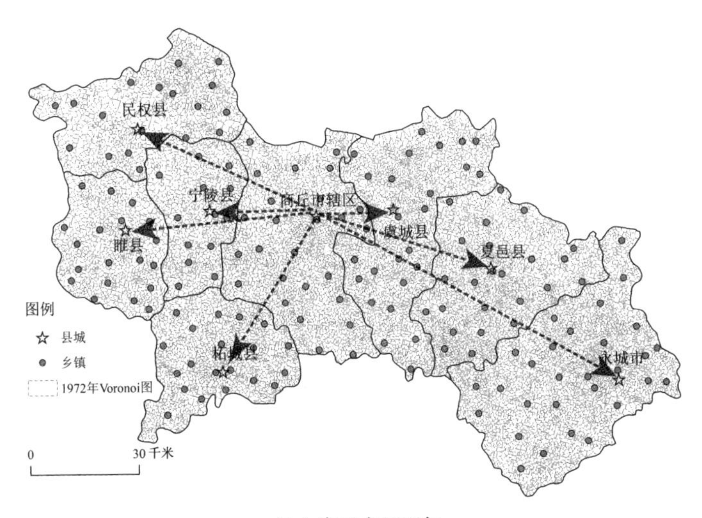

（b）商丘市1972年

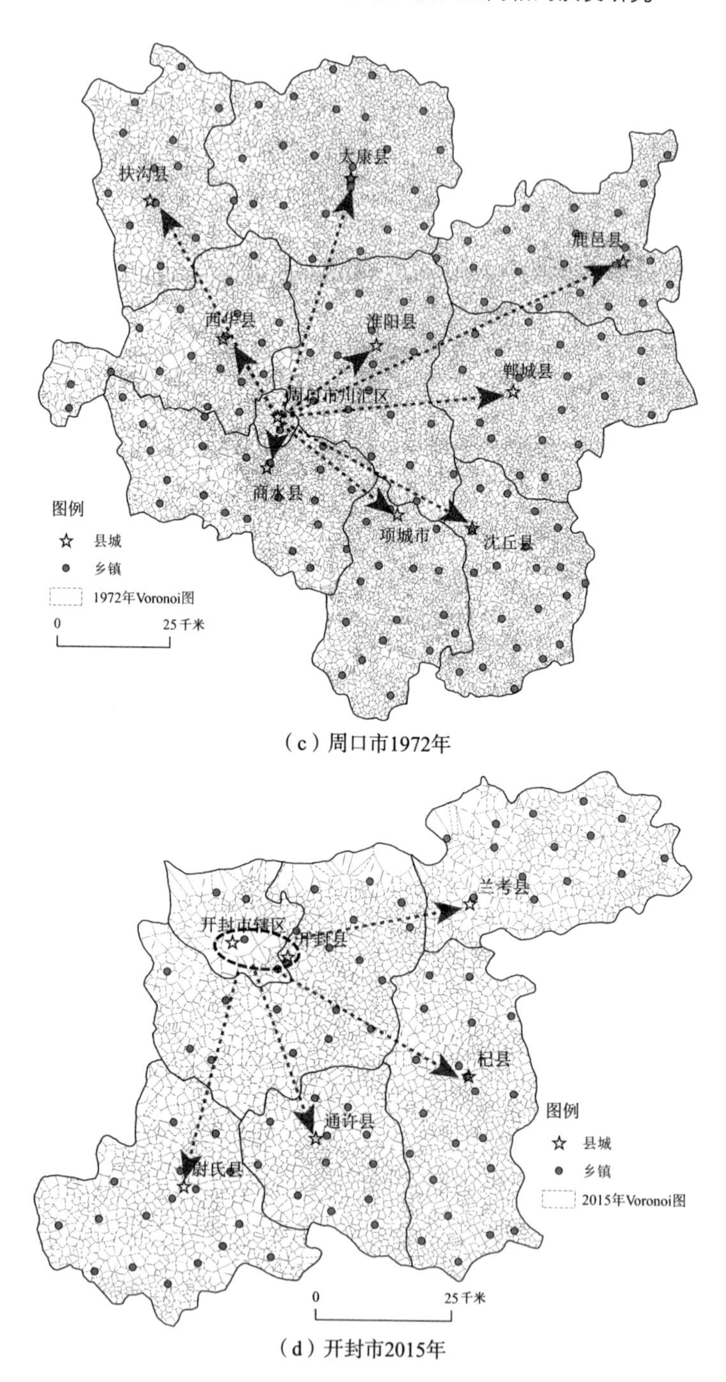

（c）周口市1972年

（d）开封市2015年

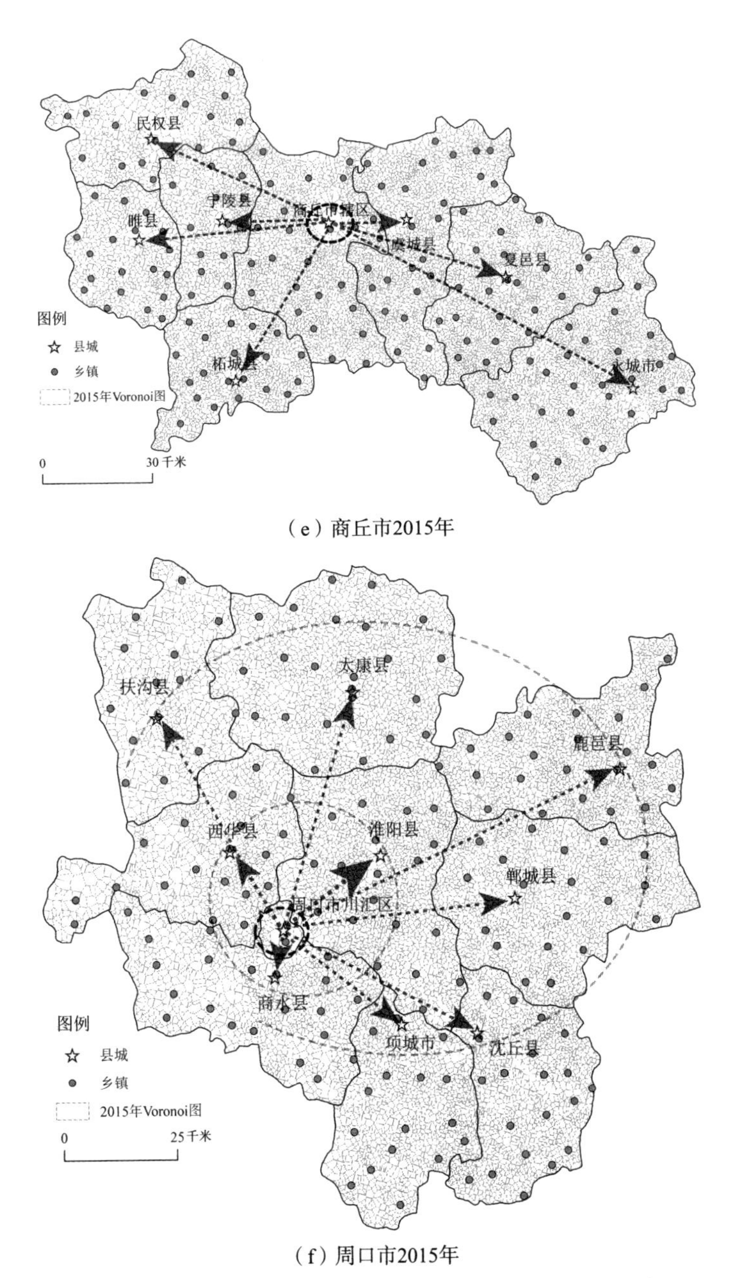

（e）商丘市2015年

（f）周口市2015年

图5-8　研究区市域Voronoi图与行政中心的叠加分布

土地面积仅为362平方千米。开封县与开封市相邻，且东、南两面环抱开封市，城区距离开封市中心仅7千米。结合开封行政区划来看，开封市辖区—开封县—尉氏、杞县、通许、兰考在空间上形成以开封市辖区为发展核心的圈层式结构，逐层向外扩散发展。至2016年底，开封市区建成区面积为129平方千米，城区面积的增加，可以壮大中心城市的发展空间，在提升地区城镇化水平的同时，对城区周边聚落和县城的辐射带动作用也会有明显提升。

商丘Ⅰ级和Ⅱ级聚落数量比例变化幅度较小，1972年Ⅰ～Ⅲ级的数量比例为1∶3.58∶11.61，在2015年为1∶4.06∶13.24，Ⅱ级、Ⅲ级聚落数量比例有小幅度上升。商丘市辖区作为地区行政中心，其城乡聚落发展呈现出点—轴式空间结构，且随着区域内聚落发展这一空间结构更趋明显。商丘市交通发展迅速，“米”字形交通网络逐步构建，商丘市辖区与县城的等级规模结构和空间结构沿着主要交通线形成不同的发展轴，虞城、宁陵与商丘中心城区沿着陇海铁路，在商丘境内向东连接睢县，向西经过夏邑，分别对接郑州、徐州发展；作为京九铁路沿线的重要节点城市，沿着京九铁路纵向发展，南北对接菏泽、亳州发展；同时，民权、商丘市辖区、夏邑、永城形成沿着连霍高速的西北—东南方向的发展轴，商丘市辖区、柘城形成沿着济周高速的东北—西南方向的发展轴。

周口Ⅰ级和Ⅱ级聚落数量比例变化相对并不明显，1972年Ⅰ～Ⅲ级的数量比例为1∶4.53∶15.72，在2015年为1∶4.52∶16.35，Ⅲ级聚落数量比例有小幅度上升。周口城乡聚落发展呈现出以周口市川汇区为核心的圈层式空间结构，川汇区行政区划面积仅338平方千米，相对较小的市辖区面积对周口市的发展具有一定的制约，周口于2001年提出并实施周商一体化战略，以发挥较强的辐射带动作用。2017年周口市撤销淮阳县设立淮阳区的行政区划调整，为扩大周口中心城区范围提供了政策支持。在这一过程中，周口中心城市城区面积增加显著。以川汇区为中心，其圈层结构是以周商为核心层圈层，川汇区、淮阳县协同发展，项城市、淮阳、西华与周商复合中心形成紧密的联系层，郸城、鹿邑、扶沟等五县城构成区域发展的外围层。核心层与联系层紧密联系，同时又辐射外围层。

5.4.2.3　聚落中心地等级体系变化

克里斯泰勒的中心地理论假设之一是均质平原地区，研究区作为豫东平原的主体区域，境内地势平坦，符合这一假设条件。同时，按照克里斯泰勒中心地理论的区域标准人口的判断标准（克里斯泰勒，2016），L级中心地区域标准人口为350万人（见表5－5），1980年开封总人口341.52万人，较为接近L级中心地标准人口数值，而2015年开封总人口506.26万人，明显高于L级中心地区域标准人口数值（见表5－6）。同时，商丘、周口1980年和2015年的人口范围也均高于L级中心地的区域标准人口。可见，以此作为中心地人口的判断标准，开封、商丘、周口的区域总人口均明显高于区域标准人口，一方面在区域范围内可能存在更高一级的中心地；另一方面可能是由于区域发展的独特性，平原农区人口数量较多。书中的分析以此作为参照，对研究区聚落进行中心地等级体系划分。

表5－5　克里斯泰勒中心地系统及其服务范围数据

中心地等级	中心地数量（个）	补充区域数（个）	区域范围（千米）	区域面积（平方千米）	提供中心商品类型数（个）	中心地标准人口（万人）	区域标准人口（万人）
M	486	729	4.0	44	40	1000	3500
A	162	243	6.9	133	90	2000	11000
K	54	81	12.0	400	180	4000	35000
B	18	27	20.7	1200	330	10000	100000
G	6	9	36.0	3600	600	30000	350000
P	2	3	62.1	10800	1000	100000	1000000
L	1	1	108.0	32400	2000	500000	3500000

表5－6　1980年和2015年研究区市域人口数据　单位：万人

年份	开封	商丘	周口
1980	341.52	478.96	673.24
2015	506.26	860.26	1028.55

开封、商丘、周口的市辖区作为高一级中心地，从历史发展过程来看，均有较长时期的发展过程，开封迄今已有4100余年的建城史和建都史，宋朝都城东京城是当时世界第一大城市，且从元明清到新中国初期，开封一直为河南首府或省会①，经过长时期的发展开封已逐步成为区域的政治、经济、文化中心；商丘，约在公元前24世纪，帝颛顼曾建都于商丘，它还是商部族的起源和聚居地、商朝最早的建都地、商人商品商业的发源地、商文明的诞生地，作为“华商之源”，商丘的区位条件优越②，现今是全国66个区域流通节

① 资料来源：中共开封市委　开封市人民政府．开封公众信息网—开封历史［EB/OL］. http：//www. kaifeng. gov. cn/viewCmsCac. do? cacId = 8a28897b41c065e20141c3e9ca060523.

② 资料来源：商丘市人民政府．商丘政务服务网—商丘概况［EB/OL］. http：//www. shangqiu. gov. cn/Category_2/Index. aspx.

点城市之一，人流、物流、信息流集聚效应日渐凸显；周口，距今有6000多年的文明史，太昊伏羲氏在此建都，炎帝神农氏播种五谷，开创了中华民族的远古文明[①]，农业资源、人力资源、文化资源丰富，川汇区已逐步成为区域政治、经济、文化中心。现今开封、商丘、周口的市辖区作为区域的行政中心，是要素流动最为密集的地区，通过人口的大规模聚集和产业发展，区域人口数量增加，人口密度提高，生产、资源要素在发展过程中向城市和城镇集中，这为中心地的发展提供了较好的支撑，使其逐渐形成集聚区域，作为区域行政中心，其中心优势逐渐凸显。

进一步基于开封、商丘、周口1980年和2015年的人口数据、1972年和2015年的聚落斑块面积数据，对区域中心地等级体系进行刻画（见图5-9）。借助于不同等级中心地间距离构建法则（王心源等，2001；陆玉麒，2005），通过绘制研究区两级中心地发现开封、商丘、周口的中心地等级体系较为符合六边形，进一步证实克里斯泰勒中心地理论在豫东平原地区的适用性，即研究区聚落等级结构符合中心地等级体系。

在理想的中心地六边形结构中，在已知最高等级的中心地之间间距的情况下，可以根据公式测算和推导出各级中心地之间的距离，反之亦然。假设有 n 级中心地，CD 为同一等级中心地之间的距离，公式如下：

$$CD_n = \frac{1}{(\sqrt{3})^{n-1}} \times CD_1 = 3^{\frac{1-n}{2}} CD_1 \qquad (5-6)$$

① 资料来源：周口市人民政府．周口荟萃——历史概况［EB/OL］．http：//www.hazhoukou.gov.cn/Article/Index? Id=5753.

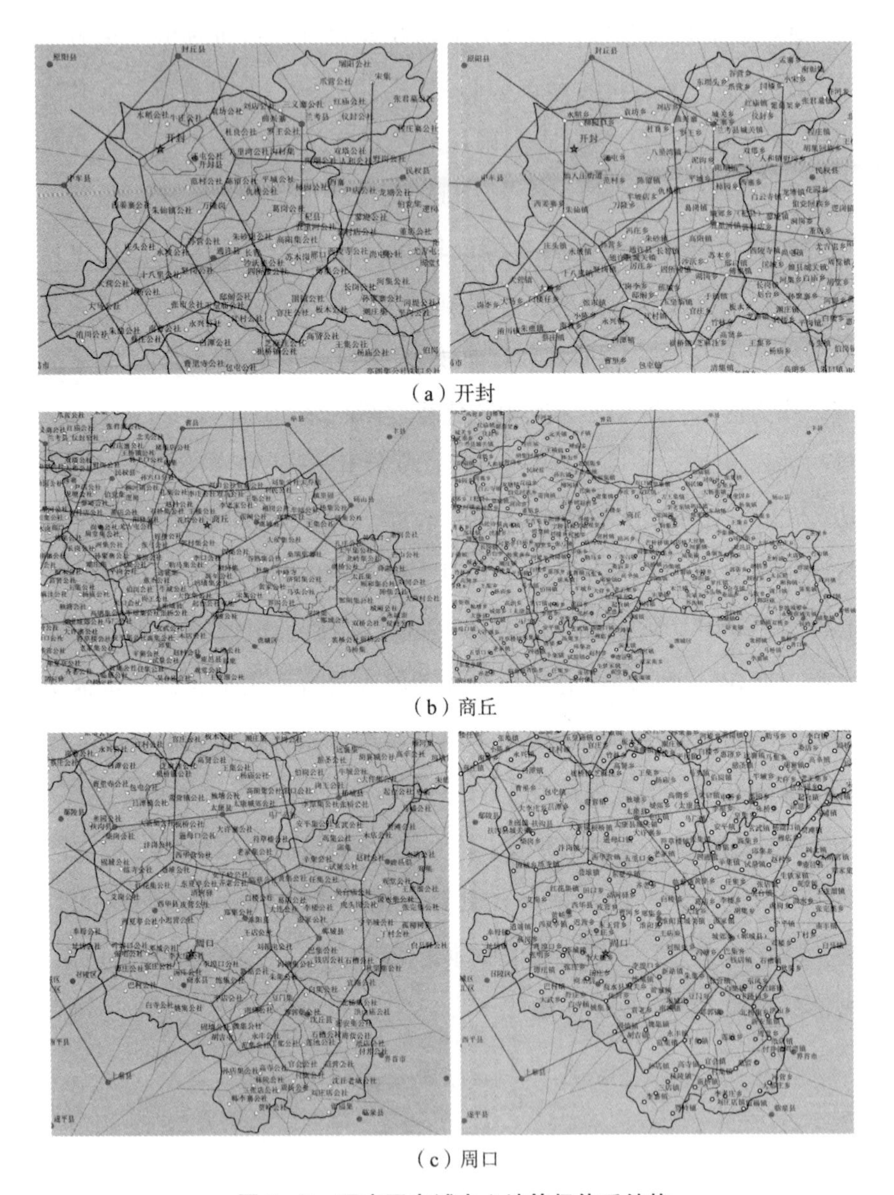

（a）开封

（b）商丘

（c）周口

图5－9　研究区市域中心地等级体系结构

具体来看，开封市域范围内形成以开封市辖区为高一级中心地、封丘县—兰考县—杞县—通许县—尉氏县—中牟县为次一级中心地的近似六边形结构，平均边长为37.32千米，由于通许县位于杞县和尉氏县的连线上，使得这一六边形结构严重变形，形状上较为趋近于五边形。依据1972年聚落斑块面积等级划分情况，以开封县为中心，形成袁坊公社—八里湾公社—陈留公社—孙营公社—朱仙镇公社—西姜寨公社的六边形结构，平均边长为17.60千米。同时，以尉氏县为中心，在这一区域内形成大营公社—朱仙镇公社—孙营公社—邸阁公社—南曹公社—朱曲公社的六边形空间结构，计算得到平均边长为18.92千米。根据$k=3$的市场竞争原则，上一级中心地距离是其次一级中心地距离的1.732倍（$\sqrt{3}$），计算得到以开封市辖区为高一级中心地进行地理空间分割得到的六边形理论边长为21.55千米$\left(理论边长=\frac{37.32}{\sqrt{3}}\right)$，以开封县、尉氏县为中心得到的六边形结构的平均边长均较为接近这一数值，但相对偏小。依据2015年聚落斑块面积等级划分情况，以开封县为中心的次一级中心地空间结构发生变化，计算得到的平均边长为21.66千米，明显更为趋近于高一级中心地的六边形理论边长21.55千米。

商丘市域范围内形成以商丘市辖区为高一级中心地、宁陵县—曹县—单县—砀山县—夏邑县—柘城县为次一级中心地的近似六边形结构，平均边长为48.59千米。依据1972年聚落斑块面积等级划分情况，以虞城县为中心，形成李庄公社—贾寨公社—刘集公社—车站公社—阎集公社—郭村集公社的五边形结构，这是由于贾寨公社位于李庄公社和刘集公社的连接线上，使得这一层级的中心地空间结构严重变形，计算得到平均边长为22.26千米。同时，以夏邑县为中心，形成阎集公社—枣集公社—龙岗集公社—鄚城集公社—太平集公社—车站公社的六边形结构，计算得到平均边长为 33.07 千米。同样，根据 $k=3$ 的市场竞争原则，上一级中心地距离是其次一级中心地距离的 1.732 倍，计算得到以商丘市辖区为高一级中心地进行地理空间分割得到的六边形理论边长为 28.05 千米 $\left(理论边长=\frac{48.59}{\sqrt{3}}\right)$，以虞城县、夏邑县为中心得到的六边形结构的平均边长或大于或小于这一数值，但夏邑县为中心的六边形中，车站公社—太平集公社（26.62 千米）、太平集公社—鄚城集公社（27.38 千米）的边长较为趋近于理论边长。依据 2015 年聚落斑块面积等级划分情况，以夏邑县为中心的次一级中心地空间结构发生变化，其平均边长为 27.88 千米，明显更为趋近于上一级中心地的六边形理论边长 28.05 千米。

周口市域范围内形成以周口市川汇区为高一级中心地、扶沟县—太康县—郸城县—项城市—上蔡县—临颍县为次一级中心地的近似六边形结构，平均边长为 51.92 千米。依据 1972 年聚落斑块面积等级划分情况，以西华县—淮阳县—商水县为中心，形成红花集公社—西华营公社—临蔡公社—刘振屯公社—平店公社—谭庄公社的六边形结构，计算得到平均边长为 28.45 千米。同样，根据 $k=3$ 的市场竞争原则，上一级中心地距离是其次一级中心地距离的 1.732 倍，计算得到以周口市川汇区为高一级中心地进行地理空间分割得到的六边形理论边长为 29.98 千米 $\left(理论边长=\frac{51.92}{\sqrt{3}}\right)$，可见，以西华县—淮阳县—商水县为中心的次一级中心地空间结构平均边长较为接近理论边长，这是由于这三个县城距离周口市川汇区的距离较近，以此作为中心得到的六边形空间结构更为接近理论六边形边长。同样地，依据 2015 年聚落斑块面积等级划分情况，以西华县—淮阳县—商水县为中心的次一级中心地空间结构在这一过程中发生变化，计算得到的平均边长为 29.84 千米，明显更为趋近于上一级中心地的六边形理论边长 29.98 千米。

由于中心地地理空间受到周围中心地的竞争，地理空间的争夺，使得六边形结构均有不同程度的变形，边长有的相对较长，有的则相对较短，但总体遵循周长保持不变的原则（王心源等，2001）。在分析时段内，研究区聚落等级体系结构的平均边长较为接近理论边长，即开封、商丘、周口市域聚落等级体系较好地体现了市场原则下的中心地理论空间结构（见图 5 - 9）。

5.5　本章小结

本章内容主要是对开封、商丘、周口聚落斑块空间格局变化的分析。区域内聚落斑块规模在发生变化的同时，聚落空间分布格局也随之变化。研究区聚落斑块 3 个时间节点上具有较为显著的变化。主要结论如下：

（1）1972 ~ 2015 年研究区的中心城区、小城镇聚落斑块的规模增加相对较为明显，且空间范围逐渐扩展，面积较大的聚落斑块（中心城市市辖区、小城镇等）多分布在交通节点上或沿主要交通线分布。同时，研究区域内还分布着数量较多的规模较小的村庄聚落。

（2）研究区聚落斑块在空间上呈现出相对聚集分布模式，但聚集程度有所下降，且商丘聚落空间聚集程度低于开封和周口。研究时段内 3 个地区聚落核密度最高值均有所降低，局部地区呈现多核扩散现象，且地级市市辖区核密度值的变化尤为明显。对聚落空间形态分布的分析发现，1972 年和 2015 年研究区域内狭长或曲折聚落在空间上分散布局，但在局部地区相对较为集中，随着聚落规模变化，2015 年研究区聚落形状趋于更为规则。同时，同一年份Ⅰ级到Ⅴ级聚落的平均邻近距离、邻近距离标准差均逐渐减少，1972 ~ 2015 年同一等级聚落的平均邻近距离在研究时段内均有所下降，表明区域内高等级聚落的空间距离大于低等级聚落，且研究时段内各等级聚落与县/区之间的空间联系逐渐加强。

（3）聚落规模等级的空间分布中，研究区较大规模的聚落在空间上呈现出大分散、小集中的空间分布特征。研究区聚落规模等级划分得到的Ⅰ级聚落数量较少，等级越低，聚落数量越多，整体上聚落等级的数量分布表现为金字塔状，且不同时间点聚落等级结构处于动态变化中。开封、商丘、周口的聚落空间结构存在一定差异，开封和周口城乡聚落在空间上呈现出以市辖区为核心的圈层式结构，商丘则呈现出以市辖区为核心的点轴式空间结构。同时，进一步分析发现豫东平原地区开封、商丘、周口的聚落等级规模体系较为符合市场原则下的中心地等级体系，证实中心地理论在平原农区的存在。

第 6 章

聚落变化的县域差异分析

随着城镇化进程的推进，城镇化水平逐步提高，人口逐渐向城镇流动，城镇聚落、乡村聚落在这一发展过程中发生着较大变化，聚落形态、规模与等级、空间格局、聚落景观等也随之发生变化。截至 2020 年底，我国仍有乡村人口 50992 万人（占全国总人口的 36.11%）。一段时期内乡村聚落依旧是我国人口聚居的主要形式（李小建等，2019）。同时，随着乡村振兴战略的实施和《乡村振兴战略规划（2018—2022 年）》的发布，对于“统筹城乡发展空间，通盘考虑城镇和乡村发展”提出了明确要求。然而，不同类型县域单元城乡聚落规模体系的变化及其演化路径存在明显差异的同时也存在一般性特征（李智等，2018）。县域单元，是我国行政区划的基本单元，区域界线明确，具有特定的地理空间，其内含着相对独立和完整的城乡聚落体系。因此，在自然地理环境条件相似的情况下对不同县域的综合分析既可以清晰地掌握地区城乡聚落的变化过程，也可以对聚落发展变化的一般性和差异性特征、内在驱动机制等进行探究。故此，在对豫东平原地区开封、商丘、周口市域中观层面分析的基础上，展开研究区县域尺度的分析，可以进一步明晰区域内聚落发展变化特征。

6.1 县域时空差异性分析框架

本章尝试从县域单元（不包括 3 个地级城市市辖区）展开分析，借鉴第 4 章对于聚落规模分布的分析模型和第 5 章对于聚落空间格局变化的相关指数分析，对 1972 年、1995 年和 2015 年研究区县域单元之间规模分布、空间格局的差异性进行研究，同时结合县域单元聚落发展水平的差异对聚落规模分布特征进行深入研究。具体分析步骤如下（见图 6－1）：

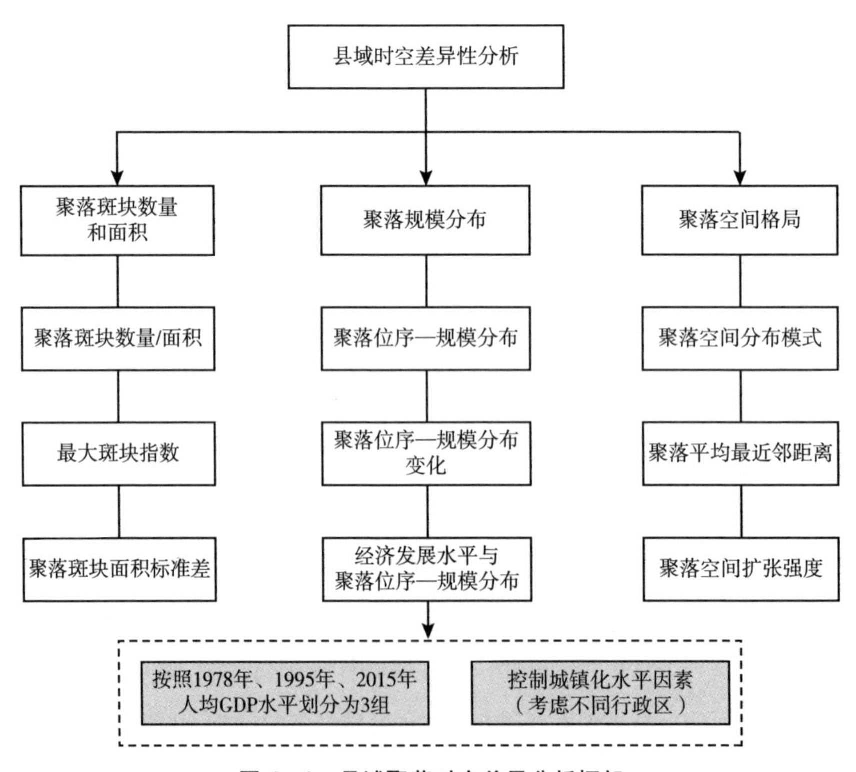

图 6－1　县域聚落时空差异分析框架

（1）基于研究区各县聚落斑块数量和面积数据，分析地区间聚落发展差异；

（2）借助于城镇位序—规模模型和乡村位序—规模模型对研究区21个县域单元在研究时段内的聚落斑块规模分布变化情况进行分析；

（3）依据不同年份人均GDP数据对县域单元的经济发展水平相对等级进行划分；

（4）分析不同发展水平下三组县域单元聚落斑块规模的空间变化情况；

（5）控制城镇化水平这一因素，分析经济发展水平对区域内聚落规模分布的变化特征；

（6）县域聚落分布格局和聚落扩张强度的地区间差异研究。

6.2　聚落斑块数量和规模变化

6.2.1　聚落斑块数量和面积变化

研究区县域单元的聚落斑块总面积和聚落斑块数量在1972年和2015年存在较大的区域差异（见图6－2、图6－3），2015年各县域单元聚落斑块总面积、平均斑块面积较之于1972年均显著增加，聚落斑块数量则有所减少。具体来看：（1）县域范围内聚落斑块数量在研究时段内减少幅度较大的地区分别是永城市、夏邑县、虞城县、太康县、民权县等，而聚落斑块数量减少幅度相对较小的地区

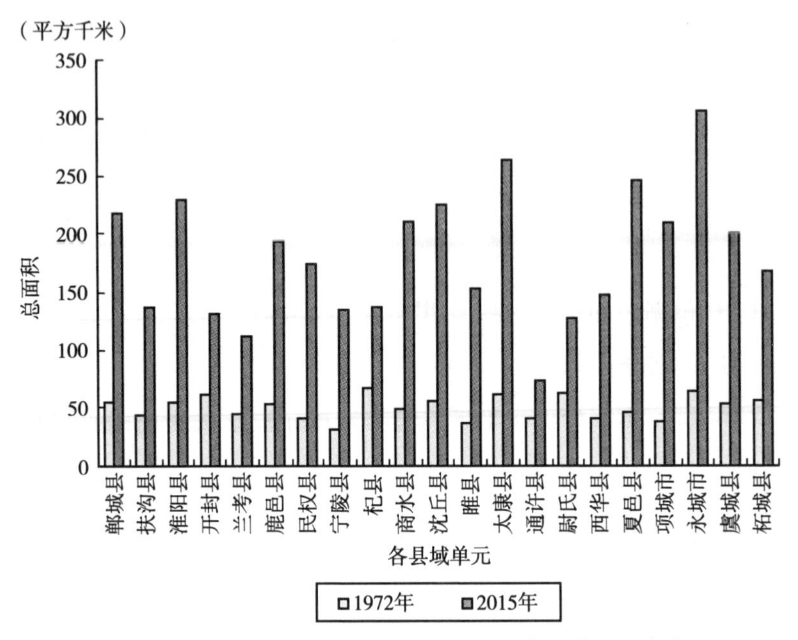

图 6－2 1972 年和 2015 年县（市）聚落斑块面积变化

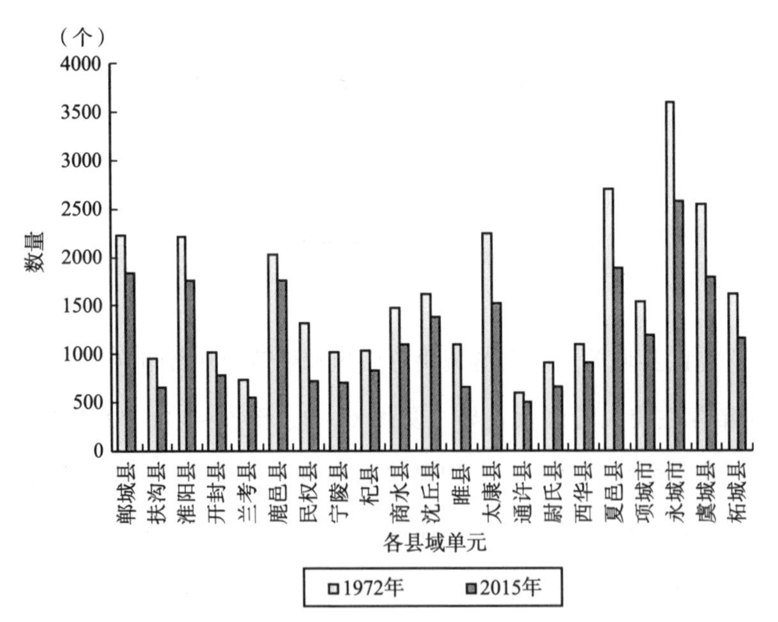

图 6－3 1972 年和 2015 年县（市）聚落斑块数量变化

分别是通许县、西华县、兰考县、杞县、沈丘县等。其中，通许县聚落斑块数量减少了 96 个，减少幅度明显低于其他县域。（2）聚落斑块平均面积在研究时段内增加幅度较大的地区分别是民权县、睢县、扶沟县、宁陵县、商水县等，而聚落斑块平均面积增加幅度相对较小的地区分别是通许县、鹿邑县、虞城县、郸城县、永城市等。其中，1972 ~ 2015 年通许县聚落斑块平均面积增加了 80581.81 平方米，而民权县则增加了 211204.08 平方米，增加幅度明显高于其他县域。

6.2.2　聚落最大斑块指数变化

通过提取各县域单元的最大聚落斑块（见图 6 – 4），计算其 *LPI*

（a）1972年

（b）2015年

图 6-4　1972 年和 2015 年研究区各县（市）最大聚落斑块

数值发现，1972 年和 2015 年研究区域内 *LPI* 数值高的县域单元是兰考县，其最大聚落斑块面积占县域聚落总面积的比重较大。同时，1972 年 *LPI* 数值低的是商水县，2015 年则为永城市，说明在这两个年份，商水县和永城市的最大聚落面积占区域聚落总面积的比重相对较低。区域内 *LPI* 数值随着聚落斑块面积的变化而变化，但兰考县 *LPI* 数值均处于高水平，该县的最大聚落斑块面积在县域范围内居于主导地位，而这种情况极易造成区域内聚落斑块面积分布的极化现象。

6.2.3　聚落斑块面积标准差变化

聚落斑块面积标准差（*PSSD*）的大小能够解释聚落斑块面积

分布的均匀性程度，*PSSD* 的数值越大，表示区域内聚落斑块面积两极化分布越强。根据 *PSSD* 数值采用自然间断点分级法将其划分为五个类别，即低、较低、中、较高、高，并在 ArcMap 软件中进行可视化表达（见图 6 - 5）。1972 年开封市 5 个县的 *PSSD* 数值均处于高水平，说明这些县域单元范围内聚落斑块面积两极化分布态势较为明显，至 2015 年仍有尉氏县、开封县存在这一两极化分布的情况，说明这两个县聚落斑块面积分布存在较为明显的极化现象，而周口市和商丘市范围内的 *PSSD* 数值相对较小，郸城县 *PSSD* 数值在 1972 年和 2015 年均处于低水平，其聚落面积相对均衡分布。

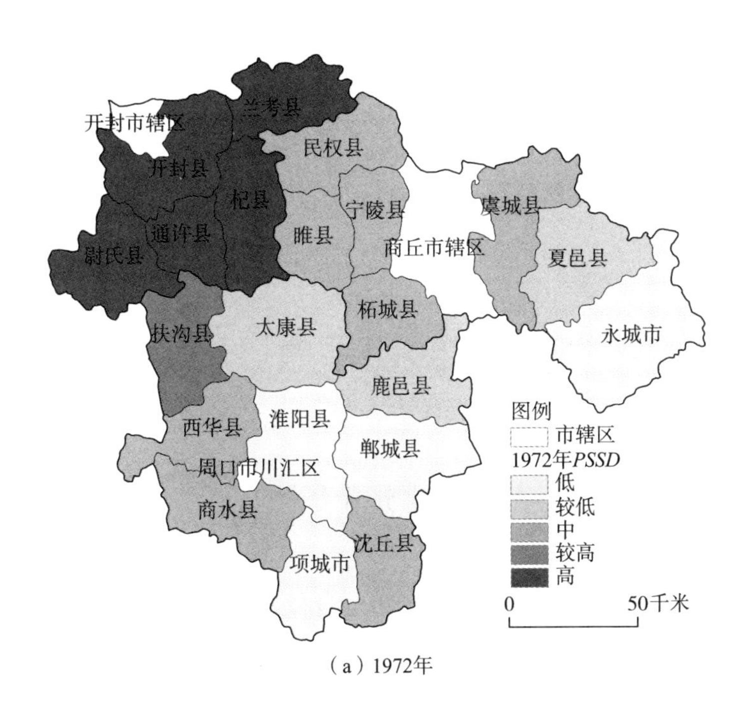

（a）1972年

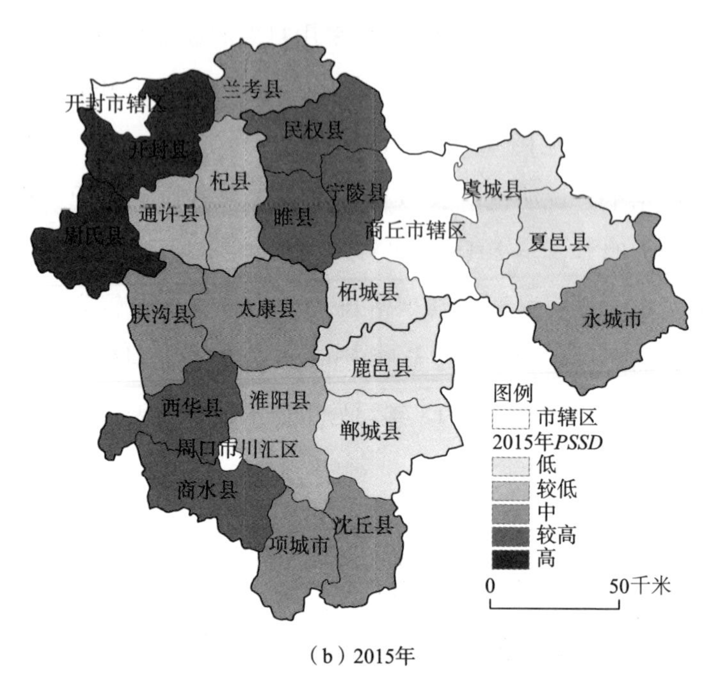

（b）2015年

图6－5　县域聚落斑块面积标准差（*PSSD*）空间分布

6.3　聚落位序—规模变化

6.3.1　聚落位序—规模分布分析

借助于城镇位序—规模模型和乡村位序—规模模型测度研究区21个县域单元聚落斑块面积的规模分布情况，拟合方程见表6－1。

表6-1　县域单元聚落斑块面积位序—规模拟合方程和拟合优度

县（市）	城镇位序—规模模型（$\ln P_r = \ln P_1 - q\ln r$）		乡村位序—规模模型［$\ln R_n = \ln R_1 + (n-1)\ln\delta$］	
	1972年	2015年	1972年	2015年
郸城县	$y = -0.6412x + 14.136$（$R^2 = 0.7952$）	$y = -0.6601x + 15.662$（$R^2 = 0.8334$）	$y = -0.0011x + 11.018$（$R^2 = 0.9205$）	$y = -0.0013x + 12.553$（$R^2 = 0.9227$）
扶沟县	$y = -0.7037x + 14.546$（$R^2 = 0.8441$）	$y = -0.6636x + 15.515$（$R^2 = 0.8869$）	$y = -0.0027x + 11.688$（$R^2 = 0.9405$）	$y = -0.0035x + 13.013$（$R^2 = 0.9045$）
淮阳县	$y = -0.6373x + 14.129$（$R^2 = 0.8275$）	$y = -0.7505x + 16.214$（$R^2 = 0.819$）	$y = -0.0001x + 11.01$（$R^2 = 0.9193$）	$y = -0.0016x + 12.729$（$R^2 = 0.9344$）
开封县	$y = -0.7754 + 15.242$（$R^2 = 0.78$）	$y = -0.719x + 15.76$（$R^2 = 0.8484$）	$y = -0.0028x + 12.073$（$R^2 = 0.9026$）	$y = -0.0033x + 12.976$（$R^2 = 0.932$）
兰考县	$y = -0.8714x + 15.448$（$R^2 = 0.8025$）	$y = -0.8361x + 16.032$（$R^2 = 0.8584$）	$y = -0.0044x + 12.181$（$R^2 = 0.9467$）	$y = -0.0055x + 13.078$（$R^2 = 0.9266$）
鹿邑县	$y = -0.6531x + 14.242$（$R^2 = 0.8366$）	$y = -0.7405x + 15.99$（$R^2 = 0.8315$）	$y = -0.0012x + 11.11$（$R^2 = 0.936$）	$y = -0.0015x + 12.535$（$R^2 = 0.9247$）
民权县	$y = -0.8135x + 14.968$（$R^2 = 0.8338$）	$y = -0.8131x + 16.474$（$R^2 = 0.8302$）	$y = -0.0022x + 11.405$（$R^2 = 0.9281$）	$y = -0.0041x + 13.417$（$R^2 = 0.9503$）
宁陵县	$y = -0.7256x + 14.296$（$R^2 = 0.8221$）	$y = -0.7698x + 16.032$（$R^2 = 0.8526$）	$y = -0.0026x + 11.308$（$R^2 = 0.9191$）	$y = -0.0038x + 13.103$（$R^2 = 0.918$）
杞县	$y = -0.7542x + 15.222$（$R^2 = 0.7711$）	$y = -0.7605x + 15.9$（$R^2 = 0.8577$）	$y = -0.0027x + 12.14$（$R^2 = 0.907$）	$y = -0.0032x + 12.889$（$R^2 = 0.9174$）
商水县	$y = -0.7167x + 14.636$（$R^2 = 0.8041$）	$y = -0.7328x + 16.152$（$R^2 = 0.8714$）	$y = -0.0018x + 11.455$（$R^2 = 0.9434$）	$y = -0.0024x + 13.047$（$R^2 = 0.9253$）

续表

县（市）	城镇位序—规模模型 $(\ln P_r = \ln P_1 - q\ln r)$		乡村位序—规模模型 $[\ln R_n = \ln R_1 + (n-1)\ln\delta]$	
	1972 年	2015 年	1972 年	2015 年
沈丘县	$y = -0.7082x + 14.68$ $(R^2 = 0.8312)$	$y = -0.7194x + 16.1$ $(R^2 = 0.855)$	$y = -0.0016x + 11.447$ $(R^2 = 0.9379)$	$y = -0.0019x + 12.9$ $(R^2 = 0.9281)$
睢县	$y = -0.7514x + 14.554$ $(R^2 = 0.813)$	$y = -0.7649x + 16.189$ $(R^2 = 0.8315)$	$y = -0.0025x + 11.41$ $(R^2 = 0.9272)$	$y = -0.0042x + 13.373$ $(R^2 = 0.9539)$
太康县	$y = -0.7144x + 14.696$ $(R^2 = 0.8358)$	$y = -0.6722x + 16.002$ $(R^2 = 0.8751)$	$y = -0.0012x + 11.192$ $(R^2 = 0.9322)$	$y = -0.0016x + 12.934$ $(R^2 = 0.9305)$
通许县	$y = -0.7574x + 14.874$ $(R^2 = 0.8254)$	$y = -0.8255x + 15.708$ $(R^2 = 0.8709)$	$y = -0.0046x + 12.165$ $(R^2 = 0.9455)$	$y = -0.0058x + 12.85$ $(R^2 = 0.9362)$
尉氏县	$y = -0.6948x + 14.896$ $(R^2 = 0.782)$	$y = -0.7653x + 15.855$ $(R^2 = 0.8466)$	$y = -0.0028x + 12.147$ $(R^2 = 0.9344)$	$y = -0.0041x + 12.998$ $(R^2 = 0.9154)$
西华县	$y = -0.6961x + 14.386$ $(R^2 = 0.805)$	$y = -0.7621x + 15.97$ $(R^2 = 0.8802)$	$y = -0.0023x + 11.479$ $(R^2 = 0.9151)$	$y = -0.0029x + 12.858$ $(R^2 = 0.9024)$
夏邑县	$y = -0.7141x + 14.332$ $(R^2 = 0.851)$	$y = -0.6959x + 15.99$ $(R^2 = 0.8339)$	$y = -0.0009x + 10.678$ $(R^2 = 0.9184)$	$y = -0.0013x + 12.705$ $(R^2 = 0.9426)$
项城市	$y = -0.6648x + 14.044$ $(R^2 = 0.8173)$	$y = -0.7025x + 15.964$ $(R^2 = 0.851)$	$y = -0.0016x + 11.049$ $(R^2 = 0.9334)$	$y = -0.0021x + 12.947$ $(R^2 = 0.933)$
永城市	$y = -0.6553x + 14.221$ $(R^2 = 0.8318)$	$y = -0.6665x + 15.936$ $(R^2 = 0.8452)$	$y = -0.0007x + 10.696$ $(R^2 = 0.9159)$	$y = -0.0009x + 12.572$ $(R^2 = 0.9356)$
虞城县	$y = -0.7297x + 14.593$ $(R^2 = 0.8367)$	$y = -0.7363x + 16.032$ $(R^2 = 0.8419)$	$y = -0.001x + 10.919$ $(R^2 = 0.9218)$	$y = -0.0015x + 12.589$ $(R^2 = 0.9404)$

续表

县（市）	城镇位序—规模模型 $(\ln P_r = \ln P_1 - q\ln r)$		乡村位序—规模模型 $[\ln R_n = \ln R_1 + (n-1)\ln\delta]$	
	1972年	2015年	1972年	2015年
柘城县	$y = -0.7189x + 14.728$ $(R^2 = 0.8193)$	$y = -0.7306x + 15.945$ $(R^2 = 0.8321)$	$y = -0.0016x + 11.454$ $(R^2 = 0.9356)$	$y = -0.0023x + 12.846$ $(R^2 = 0.9467)$

以城镇位序—规模模型进行测度：（1）齐夫指数均小于1。1972年、2015年研究区21个县域单元的齐夫指数均小于1，说明各县域单元内聚落规模较为分散，小规模聚落居多，较高位次聚落不很突出，同时两个年份齐夫指数均值分别为0.7189、0.7375，有小幅度的上升。（2）研究时段内有15个县域单元的齐夫指数有所上升，仅扶沟县、开封县、兰考县、民权县、太康县、夏邑县6个县的齐夫指数在2015年有所下降，但下降幅度相对较小。这一分析结果表明研究区多数县域范围内的聚落在其发展过程中聚落规模分布体系有所发展，且聚落斑块面积的规模分布有集中的趋势，但这一发展变化的程度相对较弱。（3）截距项增加明显。研究时段内各县域范围内的聚落斑块面积逐渐增长，其规模分布拟合直线和截距项的变化也进一步说明聚落斑块面积逐渐增加。

以乡村位序—规模模型进行测度，该模型测算得到的拟合优度明显高于城镇位序—规模模型，且各县域范围内均有较多聚落位于拟合直线上。这主要是由于研究区为传统农区，村庄数量较多，规模较小，这些村庄聚落规模分布多集中在一定的规模范围之内，而小规模村庄聚落更是聚集分布。1972年和2015年任一县域单元以乡村聚落位序—规模模型测度的拟合优度均在0.9以上，拟合优度最小值为1972年开封县的0.9026，而以城镇聚落位序—规模模型测度的拟合优度最大值为2015年扶沟县的0.8869。

6.3.2 聚落规模分布的县域差异

结合以上分析来看，以城镇位序—规模模型对县域范围内聚落斑块面积的规模分布分析发现，拟合指数存在县域间差异。1972年兰考县聚落位序—规模分布的拟合指数最高，而淮阳县的拟合指数最低，二者之间相差0.2341。在2015年，兰考县的拟合指数仍旧保持最高，郸城县的拟合指数最低，二者之间相差0.176。对于研究时段内同一县域拟合指数的变化，其中，开封县拟合指数的下降幅度为0.0564，而下降幅度最小的民权县仅为0.0004；淮阳县的拟合指数上升幅度较大，为0.1132，而上升幅度最小的杞县仅为0.0063。研究区县域单元齐夫指数的上升或下降，一方面，说明在研究时段内各县域单元内的聚落规模在逐渐发生变化，随之聚落体系也会有所改变，且拟合指数的上升说明区域内聚落的规模分布有趋于城镇聚落规模体系发展的态势，但分析得到的拟合指数低于1且上升幅度较小，说明各县域单元的聚落规模仍有较大的发展空间；另一方面，研究区包含有数量较多的村庄聚落，而村庄聚落的规模较小，这也是导致以城镇位序—规模模型分析得到的拟合指数小于1的一个重要原因。

以乡村位序—规模模型分析的结果同样显示存在着县域差异，1972年和2015年各县域单元聚落规模分布的拟合优度均在0.9以上，但后一年份部分县域的拟合优度有微弱的下降。通过计算各县相邻聚落规模变化率 $\delta = \frac{R_{n+1}}{R_n}$ 发现，1972 年 21 个县相邻聚落斑块面积的 δ 值均在 0.999 以上，较为趋近于 1，均值为 0.9995，标准差为 0.00024，各县之间的差距较小。2015 年 21 个县相邻聚落斑块面积的 δ 值均在 0.998 以上，也较为趋近于 1，较之于 1972 年并无显著变化，该年份 δ 值的均值为 0.9994，标准差为 0.00024，表明各县之间的差距仍较小。计算得到的 δ 值较为趋近于 1 说明聚落斑块面积多数位于乡村位序规模分布的拟合直线上，这也进一步说明县域范围内村庄数量较多，小规模聚落斑块面积较为接近。

6.3.3　聚落规模分布变化特征

传统平原农区，乡村聚落数量较多，以聚落面积衡量区域内聚落规模分布情况，上述两种方法的测度在取得一定分析结果的同时，难以有效度量某一区域内聚落规模体系的发展变化状况，地区间存在的差异是否具有一定特征。为进一步分析这一问题，结合县域单元经济发展情况，基于研究区不同经济发展水平的县域单元，对其聚落面积的规模分布特征进行分析，一方面研究区县域单元的经济发展水平存在一定的差异；另一方面其城镇化水平、地区人口密度和区域聚落数量也存在一定差异。这一部分的分析仍是借助于城镇位序—规模模型，基于县域单元经济发展水平采用自然间断点分级法将其划分为三组，对不同组的聚落规模分布情况进行研究。

6.3.3.1　经济发展水平与聚落规模分布

（1）不同年份县域人均 GDP 与齐夫指数 q。

基于 1978 年、1995 年和 2015 年研究区 21 个县域单元的人均

GDP 数据，将其按照数值大小进行排序，分为三组，每组 7 个县域单元，由低到高依次记为Ⅰ、Ⅱ、Ⅲ，然后计算相应的齐夫指数 q 的均值（见表6－2）。1972～2015 年三组县域单元城镇位序—规模模型分析得到的拟合指数均值均有不同幅度的上升。2015 年三组县域单元的拟合指数均值分别为 0.7190、0.7344、0.7591，其中人均 GDP 较高的Ⅲ组，其拟合指数 q 均值相对较高。这一分析说明地区社会经济发展影响着区域内的聚落发展，且在聚落规模分布方面呈促进作用，但由于早期研究区县域经济发展水平相对较低，整体拟合指数的变化相对差异较小。

表6－2　　不同发展水平县域的拟合指数均值

分组	1972 年	1995 年	2015 年
Ⅰ	0.7132（124）	0.7535（1562）	0.7190（20804）
Ⅱ	0.7260（161）	0.7648（1986）	0.7344（24945）
Ⅲ	0.7176（198）	0.7438（2543）	0.7591（34146）

注：括号内数值为相应分组县域单元的人均 GDP 均值，单位：元。

（2）县域人均 GDP 变化与拟合指数 q。

研究区域内有 21 个县级行政单元，各行政单元在长期的社会经济活动中，地区人口规模和聚落发展也存在较大差异。在此以 1978 年、1995 年和 2015 年各县域单元的人均 GDP 数据为基础，通过对各县人均 GDP 等级变化情况将其划分为三个等级，依次为高发展水平、中等发展水平、低发展水平，每个等级有 7 个县级行政单元（见表6－3）。从人均 GDP 变化情况来看，1978 年 21 个县/市人均 GDP 均值为 161.14 元，高于均值的县域单元有 11 个，县域之间差异并不十分明显，人均 GDP 在 115 ~ 252 元波动；1995 年各县人均 GDP 均值为 2030.78 元，高于均值的县域单元有 9 个，低于 1972 年高于均值的县域单元数，且县域之间的差异逐步扩大；2015 年各县人均 GDP 均值为 26632.06 元，高于均值的县域单元有 7 个，低于 1978 年和 1995 年高于均值的县域单元数，且该年份县域单元之间的差距逐渐扩大。

表 6－3　　　　研究区县域发展类型划分

类型	县域单元
低发展水平	郸城县、扶沟县、商水县、太康县、夏邑县、虞城县、柘城县
中等发展水平	淮阳县、兰考县、民权县、宁陵县、沈丘县、睢县、项城市
高发展水平	开封县、鹿邑县、杞县、通许县、尉氏县、西华县、永城市

人均生产总值可以较为客观地反映出一定地区社会的发展水平和发展程度。由于地区社会经济发展差异的存在，地区人均 GDP 发展水平也处于动态变化中，据此对不同发展水平下研究区县域单元聚落斑块面积规模分布进行分析（见表 6－4），并绘制相应的拟合直线（见图 6－6），可以看出：①低发展水平县域，1972 年聚落斑块面积规模分布的拟合指数均值为 0.7055，2015 年为 0.6988，这一发展水平下的聚落规模分布拟合指数有小幅度的下降。②中等发展水平县域，该等级聚落规模分布的拟合指数均值由 1972 年的 0.7389 上升至 2015 年的 0.7652，上升幅度为 0.0263。③高水平发展县域，聚落规模分布的拟合指数均值由 1972 年的 0.7123 上升至 2015 年的 0.7485，上升幅度为 0.0362。

表 6－4　　　　　　不同发展类型县域的拟合指数均值

分组	1972 年	1995 年	2015 年
低发展水平	0. 7055（R^2 = 0. 8266）	0. 7259（R^2 = 0. 8250）	0. 6988（R^2 = 0. 8535）
中等发展水平	0. 7389（R^2 = 0. 8211）	0. 8134（R^2 = 0. 7889）	0. 7652（R^2 = 0. 8425）
高发展水平	0. 7123（R^2 = 0. 8046）	0. 7228（R^2 = 0. 8279）	0. 7485（R^2 = 0. 8544）

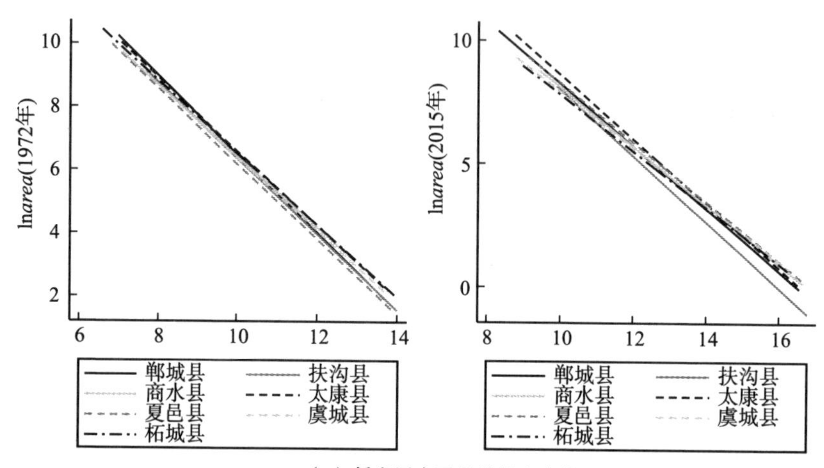

（a）低发展水平县域拟合直线

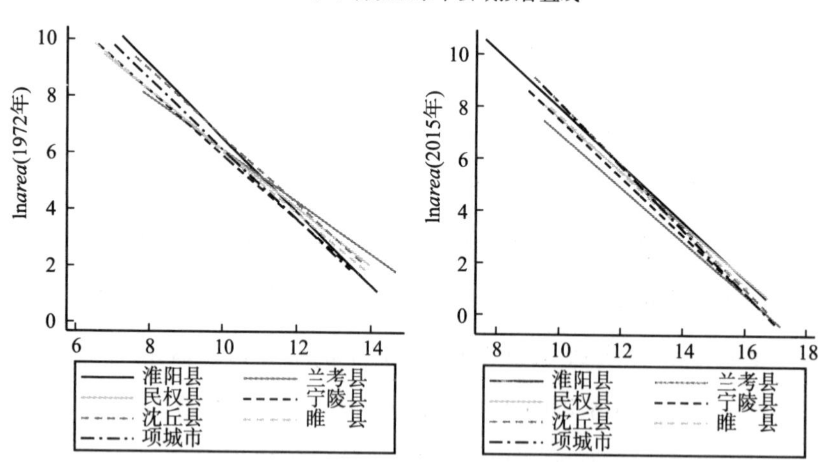

（b）中等发展水平县域拟合直线

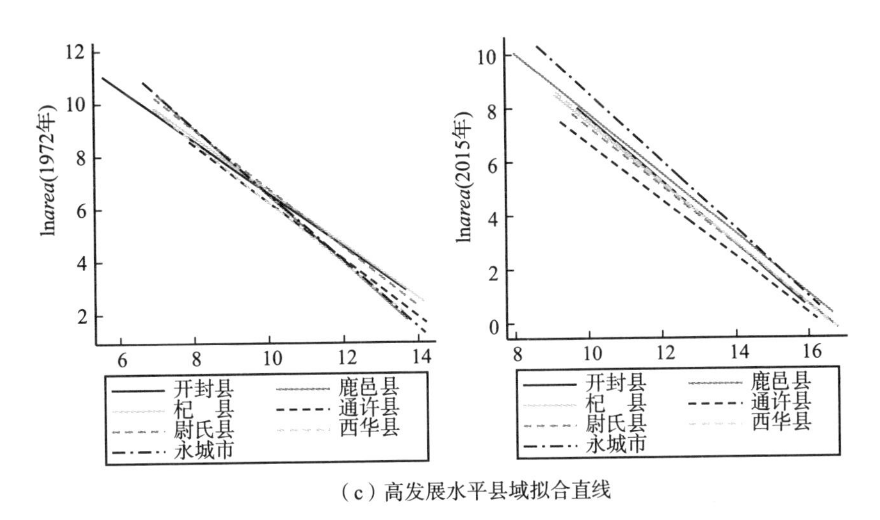

（c）高发展水平县域拟合直线

图 6－6　不同发展水平下县域聚落斑块面积拟合直线变化

不同经济发展水平下县域单元聚落规模分布的拟合指数变化程度存在差异，低水平发展县域单元拟合指数均值在研究时段内有所下降，而中等发展水平县域和高发展水平县域聚落规模分布的拟合指数均值有所上升，且高发展水平县域规模分布的拟合指数、拟合优度的均值上升幅度均较大。这一分析可以看出，县域经济发展水平影响着区域内聚落规模分布。在研究时段内经济发展水平较高的县域，拟合指数和拟合优度上升幅度较大，其聚落规模分布逐渐趋于集中分布，而经济发展水平较低的县域，其规模分布逐渐趋于分散分布。同时，三种发展类型县域规模分布的拟合指数均值均小于 1，也进一步说明不同发展类型的县域单元范围内位于较低位次的中小聚落斑块数量较多，较大规模聚落发展不够完善，区域内聚落规模体系仍有较大的发展空间。

6.3.3.2 经济发展水平与聚落规模分布变化特征

地区经济发展和城镇化水平对聚落发展产生着重要影响。经济发展对地区城乡聚落规模扩张具有一定的正向促进作用，城镇化水平的提高会带来城镇聚落的人口集聚和聚落空间扩展，而聚落规模的扩大和聚落数量的减少会带来聚落规模分布的发展变化。在此尝试厘清地区经济发展和城镇化水平影响下县域聚落规模分布呈现出怎样的特征，旨在分析和证实以下观点：城镇化发展水平一致/相近的地区，经济发展水平越高，其聚落规模分布的拟合指数越大。

在此进行不同县域之间的综合对比分析：一是不同经济发展水平、城镇化水平相近、同一行政区内的县域单元的组间分析，选取研究区分别属于上述三种经济发展水平等级但均为周口市下辖县的郸城县、淮阳县、西华县，且2015年三个县域单元的城镇化率分别为35.03%、35.01%、34.99%，城镇化水平一致，较为接近35%。二是不同经济发展水平、城镇化水平相近、不同行政区内的县域单元的组间分析，选取三种经济发展水平等级且分别属于开封市、商丘市、周口市管辖范围内的通许县、睢县、太康县，2015年三个县域单元的城镇化率分别为33.50%、33.34%、33.50%，城镇化水平相近。三是同一经济发展水平、城镇化水平相近、同一行政区内的县域单元的组内分析，选取研究区分别属于高发展水平等级且均为开封市下辖县的通许县、尉氏县、杞县，2015年三个县域单元的城镇化率分别为33.50%、33.57%、33.53%，城镇化水平较为接近33.5%。据此，通过对以上组别县域单元的聚落斑块规模分布特征进行分析（见图6-7）。

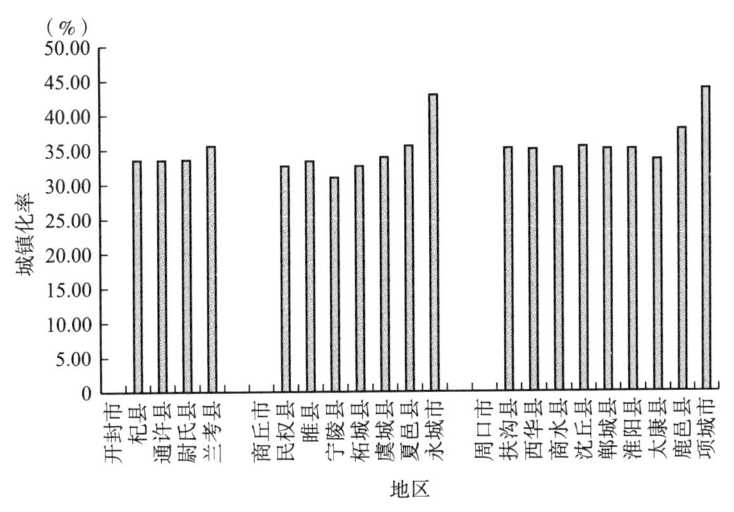

图6-7 2015年研究区县域城镇化率

(1) 同一行政区的组间分析：郸城县、淮阳县、西华县。

1972~2015年郸城县人均GDP相对较低，1995年在研究区居于末位，2015年则有小幅度提升。2015年，郸城县辖8个镇、11个乡，35个居民委员会（包含社区）、488个村民委员会，年末总人口134.19万人。2019年经河南省人民政府批准退出贫困县序列。

研究时段内淮阳县经济发展处于中等发展水平，1995年人均GDP为1606元，2015年为19405元。2015年淮阳县辖6个镇、12个乡，7个居委会（社区），467个行政村，年末总人口131万人。淮阳县是一个农业大县、人口大县。

西华县的经济发展水平相对较高，1995年人均GDP为2302元，2015年为25580元，均高于研究区县域单元人均GDP均值。2015年，西华县辖8个镇、10个乡，25个居委会（社区）、425个村民委员会，年末总人口96.66万人。西华县耕地面积110万亩，是河南省农技推广先进县和林业生态县①。

借助于城镇位序—规模模型绘制郸城县、淮阳县、西华县聚落斑块面积规模分布散点图和拟合直线（见表6－5、图6－8），研究时段内三个县的拟合指数呈现出不同幅度的上升态势，且西华县 > 淮阳县 > 郸城县。2015 年该组县域单元的城镇化率极为接近，但聚落规模分布的变化情况并不相同，西华县经济发展水平相对较高，其拟合指数也相对较高，说明县域内聚落体系相对均衡。在城镇化

表6－5　　郸城县、淮阳县、西华县相关数据统计

县域	所属行政区	1972 年拟合指数 q	1995 年拟合指数 q	2015 年拟合指数 q	2015 年城镇化率（%）
郸城县	周口	0.6412	0.6522	0.6601	35.03
淮阳县	周口	0.6373	0.7043	0.7505	35.01
西华县	周口	0.6961	0.7790	0.7621	34.99

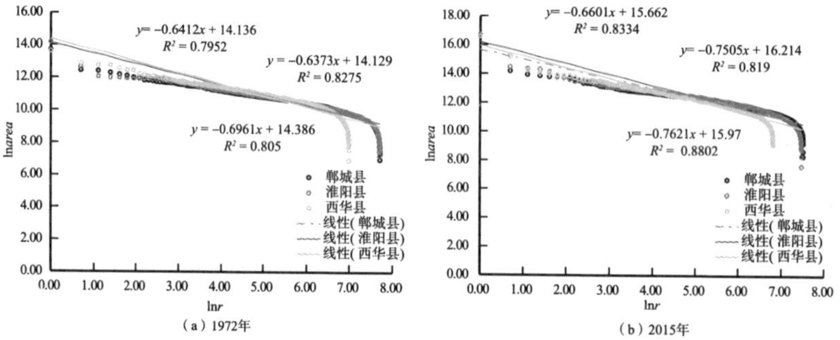

（a）1972年

（b）2015年

图6－8　郸城县、淮阳县、西华县聚落斑块面积位序—规模分布

① 资料来源：1995 年郸城县、淮阳县、西华县的数据来源于河南省统计局《河南改革开放 1978—2008》（数据光盘），2015 年数据来源于《河南省统计年鉴 2016》（https://tjj.henan.gov.cn/tjfw/tjcbw/tjnj/）。行政区划相关资料数据来源于：周口市人民政府网站，走进周口—行政区划（http://www.zhoukou.gov.cn/）。

水平较为接近时，同一行政区内，经济发展水平相对较高的地区，其聚落规模分布的拟合指数也较高。

（2）不同行政区的组间分析：太康县、睢县、通许县。

1972～2015年太康县人均GDP相对较低，是研究区域内的低发展水平县域，1978年人均GDP为177元，2015年为19903元，明显低于研究区平均水平。太康县是周口市下辖县，2015年辖13个镇、10个乡，22个居委会（社区），753个行政村，年末总人口为150.09万人。太康县是中国粮食生产先进县、中国绿化模范县、中国商品粮基地县、中国优质棉基地县。

研究时段内睢县经济发展水平属于中等水平，1995年人均GDP为1918元，2015年为21647元，略高于研究区平均水平。睢县是商丘市下辖县，2015年辖8个镇、12个乡，7个居委会（社区），545个行政村，年末总人口为87.6万人。睢县地势平坦，土壤肥沃，发展农业条件优越，是国家粮食生产核心区的产粮大县，国家商品粮生产基地。

通许县人均GDP相对较高，1995年其人均GDP数值高于研究区19个县，2015年则高于研究区20个县。通许县是开封市下辖县，2015年辖6个镇、6个乡，24个居民委员会（包含社区），285个行政村，年末总人口为64.22万人。通许县是黄河南泛冲积而成的黄淮平原之一部分，是豫东平原的重要农业县之一①。

① 资料来源：1978年、1995年太康县、睢县、通许县的数据来源于河南省统计局《河南改革开放1978—2008》（数据光盘），2015年数据来源于《河南省统计年鉴2016》（https：//tjj. henan. gov. cn/tjfw/tjcbw/tjnj/）。行政区划相关资料数据分别来源于：周口市人民政府网站，走进周口—行政区划（http：//www. zhoukou. gov. cn/）；商丘市人民政府网站，市情—区划人口（http：//www. shangqiu. gov. cn/sq）、开封市人民政府网站；走进开封—行政区划（https：//www. kaifeng. gov. cn/）。

对太康县、睢县、通许县聚落斑块面积规模分布进行测算和制图（见表6－6、图6－9），1972～2015年三个县的拟合指数同样呈现出不同幅度上升的态势，且均显示出通许县 > 睢县 > 太康县。2015年太康县、睢县、通许县的城镇化率相近，县域经济发展水平相对较高的通许县，其聚落规模分布的拟合指数也相对较高，其次为睢县、太康县。在城镇化发展水平较为接近时，不同行政区内，县域经济发展水平对聚落规模体系发展具有重要影响，即经济发展水平较高的地区，聚落规模分布的拟合指数较高。

表6－6　　太康县、睢县、通许县相关数据统计

县域	所属行政区	1972年拟合指数 q	1995年拟合指数 q	2015年拟合指数 q	2015年城镇化率（%）
太康县	周口	0.7144	0.7376	0.6722	33.50
睢县	商丘	0.7514	0.7488	0.7649	33.34
通许县	开封	0.7574	0.7833	0.8255	33.50

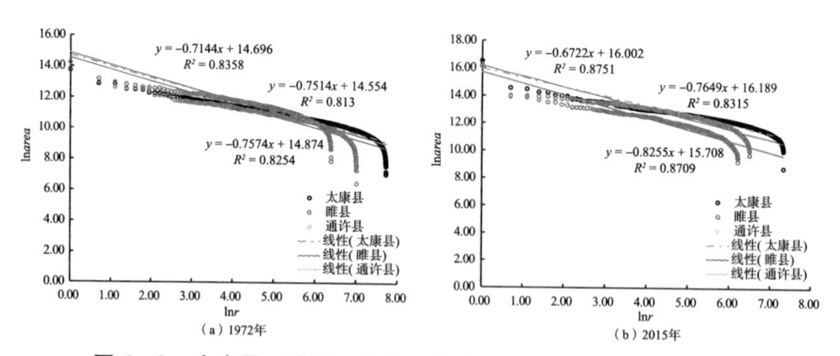

（a）1972年　　（b）2015年

图6－9　太康县、睢县、通许县聚落斑块面积位序—规模分布

（3）同一行政区的组内分析：通许县、尉氏县、杞县。

研究时段内通许县、尉氏县和杞县的经济发展水平均属于高发展水平，人均GDP均高于研究区平均水平。同时，通许县、尉氏县、杞县均属于开封市，地处黄河中下游地区。其中，三个县到开封的距离分别为40千米、45千米、53千米。

2015年尉氏县辖9个镇、7个乡，10个居委会（社区），505个行政村，年末总人口为96.26万人。尉氏县是全国小麦商品粮和优质棉双重基地县。

2015年杞县辖7个镇、13个乡，26个居委会（社区），573个行政村，年末总人口为112.3万人。杞县是国家黄淮海农业综合开发区，素有“中原粮仓”之美称，是国家粮棉生产和出口基地县，属小麦、棉花、肉类、油料全国百强县，是国家瘦肉型猪、板山羊生产和出口基地县①。

对通许县、尉氏县、杞县的聚落斑块面积规模分布进行测算和制图（见表6－7、图6－10），研究时段内三个县聚落斑块规模分布的拟合指数呈现出上升的态势，但上升幅度存在差异，上升幅度分别为0.0681、0.0705、0.0063，杞县的上升幅度较小，且两个年份的拟合指数均显示通许县聚落规模分布的拟合指数相对较高。2015年三个县的城镇化率相近，且均属于开封市、属于研究区高发展水平县域单元，但由于县域经济发展水平的相对差异以及人口数量的不同，城乡聚落规模分布变化也会有所不同，通许县经济发展水平略高于尉氏县和杞县，其拟合指数也相对较高。这一分析进一步表明在城镇化发展水平相近时，同一行政区内，县域经济发展水平对聚落规模体系发展具有重要影响，即经济发展水平相对较高的

① 资料来源：尉氏县、杞县2015年数据来源于《河南省统计年鉴2016》（https：//tjj.henan.gov.cn/tjfw/tjcbw/tjnj/），行政区划相关资料数据来源于开封市人民政府网站，走进开封—行政区划（https：//www.kaifeng.gov.cn/）。

地区，聚落规模分布的拟合指数较高。

表 6－7　　通许县、尉氏县、杞县相关数据统计

县域	所属行政区	1972 年拟合指数 q	1995 年拟合指数 q	2015 年拟合指数 q	2015 年城镇化率（%）
通许县	开封	0.7574	0.7833	0.8255	33.50
尉氏县	开封	0.6948	0.7814	0.7653	33.57
杞县	开封	0.7542	0.6522	0.7605	33.53

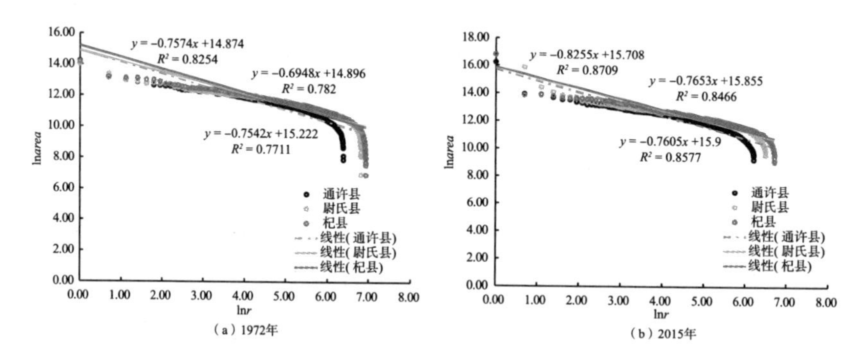

图 6－10　通许县、尉氏县、杞县聚落斑块面积位序—规模分布

基于以上三组分析，均证实城镇化发展水平一致/相近的地区，经济发展水平越高，其聚落规模分布的拟合指数越大。对于县域单元聚落规模分布而言，拟合指数的上升说明区域内聚落规模分布有趋于集中分布的态势，有别于城镇/城市聚落规模分布的拟合指数为 1 或大于 1 的状态，研究区县域范围内测算得到的拟合指数均小于 1，这是由于传统农区有数量较多的小规模村庄聚落，作为城乡聚落体系的重要组成部分，这些村落会使得区域内聚落规模分布的拟合指数相对较小。然而，经济发展水平相对较高的县域，聚落规模分布的齐夫指数较大，在城镇化发展过程中，区域内聚落分布表现出城镇引领型的发展态势。当地区经济发展水平提高时，城镇和乡村的住宅建设有了必要的经济基础支撑，居住条件改善的诉求可以得以实现，这会带来聚落规模的扩展，并影响着聚落空间格局和空间结构的演变。

豫东平原地区是我国主要农产品主产区，在城镇化、工业化和农业现代化发展过程中，聚落斑块面积在这一过程中随之发生着剧烈的变化。开封、商丘、周口作为豫东平原地区的主体区域，随着地区社会经济发展水平的提高，县域单元内聚落面积的增加，区域内聚落体系有趋于向城镇引领型聚落发展的态势，但对于传统农区而言，保护耕地以稳定粮食生产仍占有举足轻重的地位，在长时期的发展过程中，研究区仍会稳定保持城镇和乡村聚落并存的发展态势，乡村聚落数量会减少，但并不会消失。同时，城镇化过程中，研究区的农村人口众多，乡村聚落仍旧是居民生产、生活的主要场所，但其聚落规模增长与县城聚落之间存在较大的差异，且一般情况下，村庄聚落面积相对较小，县城所在斑块面积相对较大，这也是造成县域聚落斑块面积在双对数坐标图上出现垂尾分布的重要原因之一。

6.4 聚落空间分布模式变化

结合县域聚落空间分布的 *ANN* 指数来看（见表6－8），研究区有16个县域单元聚落分布模式逐渐由聚集分布发展为离散分布，仅少数仍呈现聚集分布态势。(1)1972 年 21 个县的 *ANN* 指数均小于 1，表明各县域范围内的聚落斑块空间分布呈现出聚集分布特征，但杞县、睢县聚落斑块空间分布的聚集特征并不显著（*Z* 值大于 -1.65）。其中，该年份 *ANN* 指数较高的是杞县，为 0.9738，较为趋近于 1，较低的西华县为 0.7358。(2)2015 年有 16 个县的 *ANN* 指数大于 1，表明这 16 个县聚落斑块的空间分布呈现离散分布特征，但扶沟县、开封县、兰考县、沈丘县、通许县、尉氏县的离散特征并不显著（*Z* 值小于 1.65，或大于 -1.65）。该年份 *ANN* 指数较高的是睢县，为 1.2128；较低的仍是西华县，为 0.8292。同时，从 *ANN* 指数在两个年份的对比来看，研究时段内鹿邑县、商水县、西华县、项城市、虞城县 5 个县的聚落斑块空间分布仍呈现聚集分布特征，其他县域则呈现出不同程度的离散特征。(3)各县（市）*ANN* 指数的变化幅度存在较大差异。1972～2015 年各县（市）*ANN* 指数均呈现出不同幅度的上升态势，整体变化幅度介于 0.06～0.25 之间。其中，睢县的变化幅度最大，40 多年间上升了 0.2425；鹿邑县的变化幅度最小，仅上升 0.0619。这一分析也说明经过较长时期的发展，聚落规模的变化引致区域内聚落空间分布模式随之发生变化，且研究区鹿邑县、商水县、西华县、项城市、虞城县的聚落斑块空间分布模式虽然表现出聚集分布特征，但是聚集程度有所减弱。

表 6-8　　研究区县域聚落 *ANN* 指数分析

县（市）	1972 年			2015 年		
	ANN 指数	*Z* 值	*P* 值	*ANN* 指数	*Z* 值	*P* 值
郸城县	0.9329	-6.0620	0.0000	1.0558	4.5690	0.0000
扶沟县	0.8969	-6.0842	0.0000	1.0269	1.3125	0.1893

续表

县（市）	1972年			2015年		
	ANN指数	Z值	P值	ANN指数	Z值	P值
淮阳县	0.9258	-6.6861	0.0000	1.0457	3.6677	0.0002
开封县	0.9003	-6.0672	0.0000	1.0253	1.3482	0.1776
兰考县	0.9453	-2.8261	0.0047	1.0189	0.8372	0.4025
鹿邑县	0.8603	-12.0059	0.0000	0.9222	-6.2409	0.0000
民权县	0.8729	-8.8207	0.0000	1.0949	4.8595	0.0000
宁陵县	0.9558	-2.6889	0.0072	1.1614	8.2207	0.0000
杞县	0.9738	-1.6064	0.1082	1.1086	5.9733	0.0000
商水县	0.8493	-11.0403	0.0000	0.9818	-1.1479	0.2510
沈丘县	0.9263	-5.6580	0.0000	1.0141	1.0004	0.3171
睢县	0.9703	-1.8877	0.0591	1.2128	10.4744	0.0000
太康县	0.9701	-2.7140	0.0066	1.1388	10.3581	0.0000
通许县	0.9303	-3.2485	0.0012	1.0407	1.7377	0.0823
尉氏县	0.8704	-7.4904	0.0000	1.0223	1.0970	0.2727
西华县	0.7358	-16.6892	0.0000	0.8292	-9.8189	0.0000
夏邑县	0.8238	-17.5251	0.0000	1.0193	1.6016	0.1092
项城市	0.8363	-12.2512	0.0000	0.9763	-1.5683	0.1168
永城市	0.8946	-12.0810	0.0000	1.0722	7.0166	0.0000
虞城县	0.7645	-22.6883	0.0000	0.9476	-4.2370	0.0000
柘城县	0.9124	-6.7206	0.0000	1.0675	4.4076	0.0000

6.5 聚落扩张强度变化

6.5.1 县域聚落空间扩张强度

扩张强度指数可以用来表征聚落斑块的空间扩展情况，用来测度研究区域内聚落用地的变化程度。其中，聚落扩张强度指数为正值时，其数值越大，表明空间扩张越快，反之则越慢；指数为负值时，表明聚落规模由扩张转为收缩。计算公式如下：

$$E = \frac{P_i^n - P_i^m}{S_i} \times \frac{1}{T_{n-m}} \times 100\% \quad (6-1)$$

式中，E 表示聚落斑块面积扩张强度；P_i^m、P_i^n 分别表示不同时期聚落斑块面积；T_{n-m} 表示研究时段，单位为年；S_i 表示研究单元面积。

1972 ~ 2015 年研究区聚落斑块呈现出扩张态势，但不同时段的扩张程度存在差异。研究时段内区域内聚落斑块面积增长迅速，利用聚落扩张强度公式测算得到研究时段内区域总体的扩张强度指数为 0.26。随着城镇化和社会经济的快速发展，1972 ~ 1995 年研究区聚落用地增加明显，聚落斑块扩张强度指数为 0.47；1995 ~ 2015 年随着城镇化进程的推进，聚落用地也在逐渐增加，这一时期聚落斑块扩张强度指数变化幅度为 0.05。

研究时段内，区域内各县域单元范围内聚落斑块扩张强度存在较大差异（见图 6 - 11），整体上县域聚落扩张强度指数的均值为 0.30，低于均值的县域有 16 个，高于均值的县域有 8 个，其中周口市川汇区、项城市、沈丘县、开封市辖区等范围内的聚落扩张强度相对较大。研究阶段内各县域单元的聚落斑块规模表现出不同程度的扩张，但由于不同时期地区社会经济发展、人口规模等存在的差异，聚落扩张强度存在地区差异。

6.5.2 乡镇聚落空间扩张强度

进一步基于研究区 433 个乡镇数据分析该尺度下的聚落空间扩

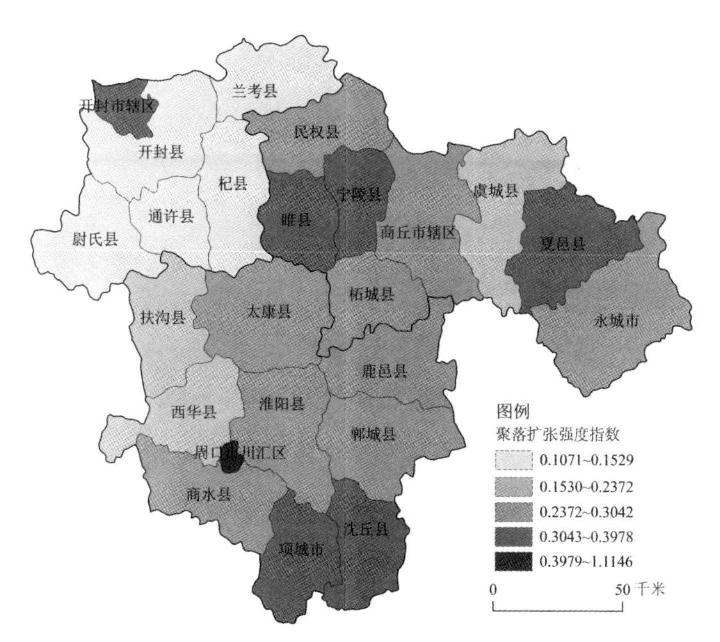

图6-11　1972~2015年县域聚落斑块扩张强度分布

张情况。结合研究区聚落斑块扩张强度计算结果，根据自然间断点分级法将其划分为5个类别，据此判断乡镇范围内聚落斑块扩张强度的相对水平。

整体上，研究区的聚落斑块扩张强度较高的地区表现出明显的局部聚集的特征，但随着时间变化乡镇范围内聚落扩张强度也有所变化。1972~1995年聚落扩张强度相对较高的地区集中分布在周口市川汇区、宁陵县、鹿邑县、永城市、睢县、民权县等地区的部分乡镇［见图6-12（a)］；1995~2015年局部集中地区向研究区的南部转移，扩张强度相对较高的地区集中分布在开封市辖区、商丘市辖区、周口市川汇区、商水县、项城市、郸城县、夏邑县等地区的多个乡镇。与此同时，开封市辖区、商丘市辖区、周口市川汇区周边乡镇也保持相对较高强度的扩张［见图6-12（b)］。

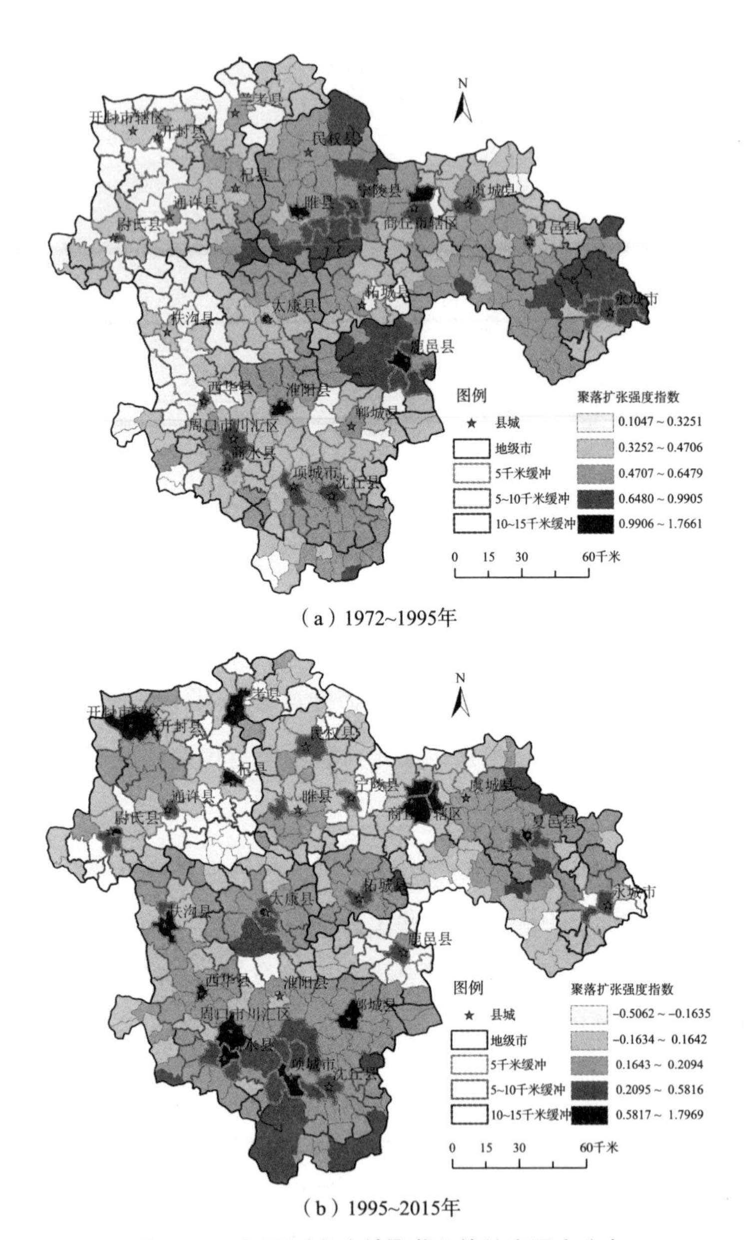

（a）1972~1995年

（b）1995~2015年

图 6－12　不同时段乡镇聚落斑块扩张强度分布

研究区各县城区或市辖区所在地的附近（周边）乡镇聚落用地增长相对较快，其聚落扩张强度相对较高。1972～1995年淮阳县城关镇、太康县城关回族镇、睢县城郊乡、鹿邑县城关镇、西华县城关镇等聚落扩张强度均较高，1995～2015年太康县城关回族镇、西华县城关镇、尉氏县城关镇、周口市城关镇、夏邑县城关镇等聚落用地扩张强度均较高，而上一阶段扩张强度较高的睢县城郊乡、淮阳县城关镇、鹿邑县城关镇聚落用地逐渐由扩张转为收缩，聚落扩张强度下降明显。同时，1972～1995年聚落用地扩张强度较高（>1）的乡镇有5个，1995～2015年增加至6个，两个时段聚落扩张强度均较高的地区是商丘市睢阳区和太康县城关回族镇。进一步分析发现，1995～2015年有196个乡镇范围内的聚落规模由扩张转为“收缩”，平均收缩指数为0.14，对应地，在1972～1995年其平均扩张强度指数为0.52。这说明经过前20余年的大规模扩张之后，在后20年聚落扩张态势逐渐减缓。可见，在城镇化的快速发展进程中，不同时期聚落斑块面积增长速度有所不同，聚落扩张强度也存在一定的区域差异。

距县城区或市辖区周边距离较近的乡镇扩张强度相对较大，且扩张强度较高的乡镇数量逐渐增加。进一步以研究区24个市辖区/县域政府所在地的点状数据为中心进行缓冲区分析：（1）以5千米做缓冲区，该范围内1972～1995年聚落扩张强度相对较高（0.65～1.77）的乡镇数量占总体比重为6.93%，1995～2015年的比重为8.78%，即5千米缓冲区内聚落扩张强度相对较高的乡镇数量呈增加态势。（2）以10千米做缓冲区，1972～1995年聚落扩张强度相对较高的乡镇占总体比重为10.16%，1995～2015年的比重为

11.09%，即 10 千米缓冲区内聚落扩张强度相对较高的乡镇数量也呈增加态势，但增加幅度小于 5 千米缓冲区内的占比情况。（3）在 15 千米缓冲区范围内，两个时段扩张强度相对较高乡镇占比分别为 12.93%、12.70%，即 15 千米缓冲区内聚落扩张强度相对较高的乡镇数量呈减少态势。可见，10 千米缓冲区范围以内聚落扩张强度相对较高的乡镇数量有所增加，且后一时段的乡镇数量高于前一时段。同时，与经济发达地区聚落用地扩张强度指数相比（陈诚和金志丰，2015），豫东平原地区作为我国的传统农区，其聚落斑块的扩张强度相对较低，地区社会经济发展状况、区位交通因素、地区人口数量等均对其有所影响。

6.5.3 聚落扩张的“核心—边缘”结构

核心—边缘理论强调在一个区域有外生给定的核心区（发达地区）和外围（不发达地区），核心区通过极化作用来加强自己的地位，又通过涓流效应作用于边缘区，使得边缘区域得以发展。在核心—边缘理论基础上，进一步以豫东平原地区的中心城区、县城所在地为中心，计算中心城区、县城所在区域范围内的聚落斑块扩张强度 D_i 与其辖区内的周边其他乡镇聚落斑块扩张强度 D_j 之比，将这一比值记为 d，即

$$d = \frac{D_j}{D_i} \tag{6-2}$$

式中，d 值越接近于 1 说明中心区域和周边乡镇聚落扩张强度之间存在的差距越小，否则越大。据此来衡量“核心—边缘”聚落扩张强度的差异。

以1972～2015年研究区的乡镇聚落斑块扩张强度数据为基础，以开封市辖区、周口市川汇区、商丘市睢阳区作为3个地级市的核心区域，计算核心区域与其外围乡镇聚落扩张强度之比 d，并基于自然间断点分级法绘制其空间分布图（见图6－13）。其中，中心城区作为地级市的核心区域，在城镇化进程中，其聚落斑块扩张强度相对较高，而核心区的发展对外围乡镇的发展具有一定的影响。按照空间上的地域邻近，一般情况下，核心区发展对距其较近的乡镇产生的影响较大，对距其较远的乡镇产生的影响较小。

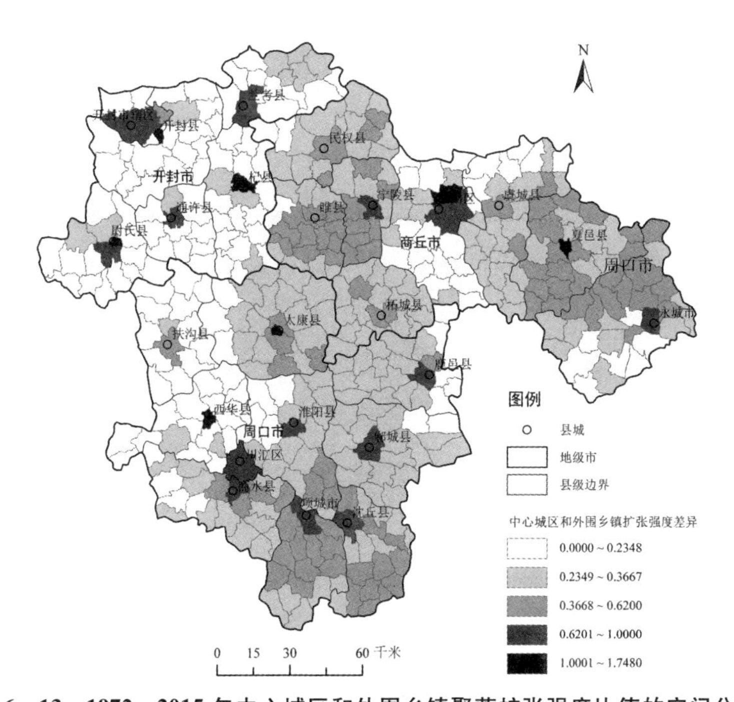

图6－13 1972～2015年中心城区和外围乡镇聚落扩张强度比值的空间分布

由聚落扩张强度比值的空间分布可以看出：（1）整体上，开封市辖区、商丘睢阳区、周口川汇区周边的乡镇聚落斑块扩张强度与其中心城区的比值均相对较低，多数乡镇聚落扩张强度与中心城区的扩张强度的比值在0.25以下，外围乡镇的扩张强度与中心城区存在较大差异，且外围乡镇的聚落扩张相对慢于中心城区。（2）开封市市辖区周边的乡镇聚落斑块扩张强度相对于市辖区而言，二者之间的差距较大，有66个乡镇聚落的扩张强度与开封市辖区扩张强度的比值低于0.2348；仅开封县城关镇聚落扩张强度与开封市辖区的比值较大，同时，开封县城关镇、尉氏县城关镇、杞县城关镇的聚落斑块扩张强度均高于开封市辖区，通许县和兰考县则相对低于开封市辖区聚落的扩张强度。（3）商丘睢阳区周边的乡镇聚落斑块扩张强度相对于市辖区而言，也存在较大的差距，有32个乡镇聚落的斑块扩张强度与睢阳区扩张强度的比值低于0.2348，而梁园区聚落斑块扩张强度高于睢阳区，二者的比值大于1；夏邑县城关镇聚落斑块扩张强度也略高于睢阳区，而永城市城关镇聚落斑块扩张强度与睢阳区较为接近。（4）周口川汇区周边的乡镇聚落斑块扩张强度相对于川汇区而言，川汇区北部的乡镇与市辖区的差距较大，有46个乡镇聚落的斑块扩张强度与川汇区扩张强度的比值低于0.2348，且川汇区南部的乡镇与市辖区的差距有所减弱，商水县城关镇、淮阳县城关镇、项城市城关镇和沈丘县城关镇聚落扩张强度与川汇区之间的差距相对较小。

进一步分析发现，首先，1972~2015年研究区多数乡镇聚落的扩张强度与中心城区的扩张强度的比值位于0.2349~0.3667范围内，这一范围内的乡镇数量为178个，占比为40.92%；其次，0.0000~0.2348范围内的乡镇数量也较多，为144个，占比为33.10%，二者合计占总体的比重达74.02%。同时，乡镇聚落扩张强度与中心城区的比值大于1的乡镇/市辖区的数量仅有10个，仅占2.3%。这一结果说明研究区域内大多数乡镇的聚落斑块扩张强度与其中心城区的比值相对较低，聚落斑块扩张强度明显弱于中心城区，乡镇聚落扩张强度等同于或强于中心城区的乡镇数量较少，且均是各地级市的城关镇和中心城区，分别是开封县城东街道、太康县城关回族镇、尉氏县城关镇、西华县城关镇、杞县城关镇、商丘市梁园区、夏邑县城关镇。

6.6 本章小结

城镇聚落和乡村聚落规模在城镇化过程中逐渐发生变化，聚落空间格局也有所变动。本章基于聚落斑块面积数据对研究区县域尺度上的聚落规模变化和聚落空间分布变化情况进行分析，主要从聚落斑块数量和规模分析、位序—规模分析和空间分布模式变化、空间扩张等方面进行，并在此基础上，对县域聚落规模变化的影响因素进行探讨。结合上述研究，得到以下结论：

（1）研究区聚落斑块面积在县域尺度上有较大变化，聚落斑块面积增加，但聚落斑块面积的幅度存在着区域差异。研究时段内县域单位内的聚落斑块面积大幅增加，但各县域聚落斑块面积增加幅度有所不同，且不同县域单元聚落斑块数量存在不同，但整体上多数县域聚落斑块数量有所减少。

（2）以城镇聚落位序—规模模型和乡村聚落位序—规模模型基于县域聚落面积数据分别测度的结果均显示乡村聚落位序—规模模

型的拟合优度高于城镇位序—规模模型，研究区各县域单元内的多数聚落分布在拟合直线上。以城镇聚落位序—规模模型对县域单元聚落斑块面积规模分布测度所得的拟合指数显示，1972 年和 2015 年的齐夫指数均小于 1，表明研究区域内聚落规模较为分散，位次靠前的城镇聚落不够发育；但 15 个县域单元的齐夫指数有所上升。由于不同县域单元行政区划和社会经济发展的差异，其范围内聚落数量、面积也会有所不同，故此各县域单元聚落规模分布的拟合指数和拟合模型分析结果存在一定的区域差异。

（3）对县域经济发展对聚落规模变化的影响进行分析，结果显示经济发展水平较高的县域聚落规模分布的齐夫指数、拟合优度的均值上升幅度均较大。结合城镇化率、经济发展水平、所属行政区对三组县域单元进行交叉分析，结果显示，在控制城镇化水平一致/相近的情况下，研究区域内经济发展水平越高的县域，聚落规模分布的拟合指数越大，区域内聚落分布随着聚落发展表现出城镇引领型的发展态势。

（4）使用平均最近邻指数对研究区县域单元范围内的聚落空间分布模式的分析显示，区域内多数县域范围内聚落分布聚集程度逐渐下降，聚落空间分布模式由聚集分布向离散分布变化。1972 年，21 个县域单元的聚落斑块均呈现出聚集分布态势，但至 2015 年有 16 个县的聚落空间分布呈现离散分布特征。区域内聚落在长时期的发展过程中，聚落规模在发生变化的同时，聚落斑块的空间范围也在发生变化，进而影响其空间分布模式。

（5）研究区聚落斑块在研究时段内呈现扩张的态势，县域范围内聚落也呈现出扩张态势，但不同县域尺度上聚落斑块扩张强度存在较大的差异，有 8 个县域单元的聚落斑块扩张强度高于县域扩张强度指数均值。从空间分布来看，开封市范围内各县的聚落斑块扩张强度相对低于周口市和商丘市。进一步在乡镇尺度上分析区域聚落斑块扩张情况发现，聚落斑块扩张强度较高的地区表现出明显的局部集中特征，各县城区或市辖区周边的乡镇聚落扩张强度较高，但经过一段时间的大规模扩张之后，在研究时段的后一时期有较多数量的乡镇聚落规模由扩张转变为收缩态势。同时，研究时段内聚落斑块扩张强度相对较高的乡镇在空间上表现为核心—边缘分布，中心城区发展对周边乡镇聚落扩张产生着影响。

第 7 章

聚落规模和空间分布影响因素分析

聚落规模在长时期的发展过程中逐步发生变化，地区社会经济发展对聚落规模产生着重要影响。同时，聚落的空间分布受自然环境的影响，气候、地形、地质构造、水文条件等影响居民居住区位的选择和聚落空间规模的发展。聚落空间形态的演变在一定程度上反映着区域社会、经济、人文的发展状况，而且是区域内多种因素综合影响下的结果。研究区域地势平坦，在地形条件和地势条件相同的情况下，坡度、坡向、高程等地形因素对聚落空间分布并无显著影响。因此，基于第 2 章所阐述的聚落发展相关理论基础，在此构建平原农区聚落发展的分析框架，并结合研究区域聚落发展的实际情况对区域内聚落规模和空间分布的影响因素进行分析。

7.1 平原农区聚落发展分析框架

聚落发展与多个学科相关，但聚落体系和空间格局在本质上是人们对自然利用程度的一种反映。人地关系理论和中心地理论、核心—边缘理论可为区域聚落发展提供必要的理论基础，对聚落发展具有一定的解释意义。聚落变化是一个长期且复杂的过程，且聚落的变化特征随着时间的推移而呈现出一定的差异性。在聚落变化的过程中，其影响因素并不是单一的，而是多种因素的综合影响。相对于峰丛洼地区、高原地区、丘陵地区、岩溶地区等典型区域而言，地形和地势条件对其聚落的空间分布和规模变化均具有重要影响，书中的研究区域内整体地势平坦，起伏较小，自然条件对地区聚落的影响有限，在此结合区域聚落发展实际情况，构建平原农区聚落发展变化的分析框架，分析聚落的发展变化，主要是聚落规模和聚落空间分布的变化。研究区聚落发展主要受到区域基础、交通区位、社会经济、政府政策等方面因素的综合影响（见图7－1）。

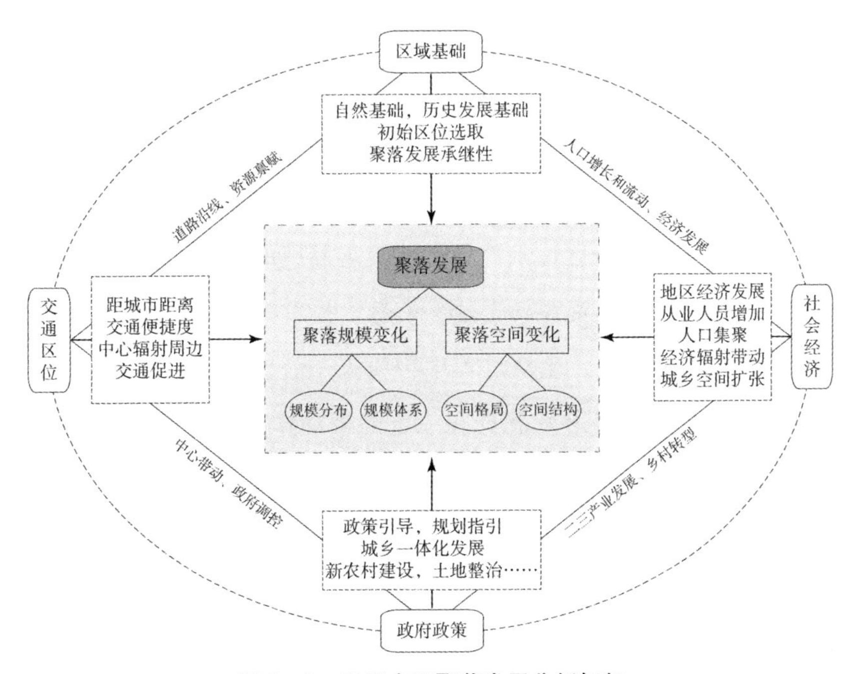

图7－1　平原农区聚落发展分析框架

（1）区域基础。自然条件是聚落初始区位形成的基础，也是聚落空间分布和发展变化的基础要素之一，为区域聚落发展提供必要的自然资源和环境条件，从河流因素分析其对聚落分布的影响。较早时期，生产力水平低下，人们更多的是对自然资源的开采和利用，初始聚落的选址更趋向于在水源丰富、土壤肥沃、地势平坦的地区。豫东平原地区境内主要是黄河冲积平原区或者是黄河冲积扇平原区，地形平坦，地势起伏较小，河流对聚落的选址和聚落的空间扩展至关重要。随着生产力水平的提高，人们对资源环境的利用程度和开发程度也在逐步提高，水源对聚落的形成和发展的重要程度有所减弱，但在地区农业发展中仍占有重要地位。关注研究区河流因素对聚落发展的另一个重要原因是豫东平原地区是我国重要的粮食生产基地，农业生产对水源的需求与聚落发展密切相关。区域历经长时期的发展，聚落发展具有一定的承继性，较早时期聚落的选址和聚居环境，对河流和自然资源的依赖以及对当前时期和未来聚落的发展均具有重要影响。

（2）交通区位。区位条件是区域聚落发展的关键，交通线路为城乡聚落之间人口、资源、土地、信息、技术等生产要素的流动提供廊道，是人类生产、生活过程中物质流、信息流、能量流的联结纽带之一，对区域聚落发展具有一定的带动作用，区域之间资源、生产要素的空间流动和空间集聚效应是聚落发展和城乡聚落相互作用的重要基础，而随着交通线路的发展和地区交通网络的完善，交通对聚落发展的影响愈加重要，农村聚落逐渐向公路干线靠拢。同时，地理区位是区域聚落发展的空间反映，空间位置的变化影响着聚落发展，中心城市和县城作为区域发展的中心，在城镇化过程中，中心城市对区域经济发展的带动性会对周边聚落的吸引力逐渐增强，对区域范围内的乡镇的辐射和带动作用会进一步影响聚落发展，乡村聚落选址或扩展也逐步呈现向城镇靠拢，向乡镇驻地靠拢的现象，且研究区域内乡镇聚落扩张强度的核心高—边缘低空间结构也进一步说明这一状况，因此，这一方面侧重于从距交通线路的距离来反映聚落对外交通的便捷度，从公路网密度、乡镇村道密度方面来反映区域交通发展状况，从聚落到最近县城/地级市距离来反映区域聚落区位状况，后文也尝试借助于此对聚落规模影响因素进行分析。

（3）社会经济发展。经济发展为地区聚落发展提供经济基础和物质基础，一方面地区产业的发展和类型决定着地区聚落空间分布特征，村庄特色产业的发展和商业活动的兴起会带来聚落的空间集聚和功能的多样性，使得村庄新建住宅更趋规整，这一过程中村庄聚落的空间规模发生较大变化；另一方面，经济发展水平的提高带来居民收入的增加，为乡村居民住宅建设提供必要的经济支撑，居民居住条件改善的诉求也会带来聚落的空间扩展。书中的分析主要是研究区乡镇常住人口、地区经济发展、从业人员数等。对于区域聚落发展而言，人口是聚落发展的基础和劳动力支撑，人口的增加会带来聚落规模的扩张，而人口数量的减少和空间流动则会使得村庄呈现出空心村现象；而经济发展对区域聚落发展呈现为带动作用，地区设施的完善、人均收入的提高、工业产值的增加等均会影响地区聚落发展。同时，地区经济发展的集聚效应和集聚效率会对聚落规模分布产生影响，是影响聚落规模分布变化的重要因素之一（高鸿鹰和武康平，2007），且这一影响会随着集聚效应的发展而逐步加深。

（4）政府政策。政府政策对聚落规模和空间格局的影响主要体现在政策引导、规划指引、区划调整等方面。城乡一体化发展、新农村建设、新型农村社区建设、美丽乡村建设、乡村规划、土地综合整治、增减挂钩等相关政策的颁布和实施加快了乡村聚落的规模和空间格局变化。譬如，新型农村社区建设，可通过农民上楼，集约利用土地；产业集聚区的规划选址、中心村建设、交通线路规划建设、行政区划调整等均会在一定程度上影响聚落空间格局和规模。以新型农村社区建设为例，城镇化过程中，按照“社区规划，村镇体系规划，土地利用规划，产业规划相统一”的目标要求，2011 年开封市规划并启动建设 35 个社区，其中部分社区建设逐步形成规模，社区面积大幅增加，开封新区的新型农村社区建设进展较快，效果较好，水稻乡马头社区、西郊乡三间房社区、野厂社区均已形成规模，并逐步配套相应基础设施和公共服务设施，但也存在部分社区建设的烂尾现象，这会造成土地资源的占用和浪费，不利于土地的集约发展。同时，也应注意到城乡二元户籍制度对聚落发展的制约，这一制约较易形成农村居民“离土不离乡”的现象，乡村聚落空间扩展，但常住人口较少，并不利于乡村聚落的健康发展。

7.2 聚落变化影响因素探讨

在城镇化、工业化和农业现代化的发展过程中，在各种因素的综合作用下，研究区聚落规模和空间分布格局也随之逐渐发生变化（见图 7－2），这是一个长期的过程，同样诸多因素对聚落的影响也是相对较为复杂的。

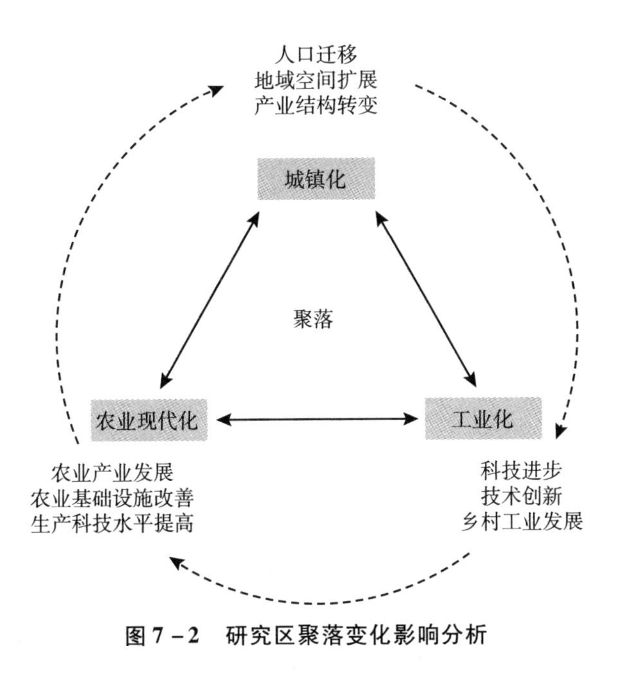

图 7－2　研究区聚落变化影响分析

城镇化、工业化、农业现代化发展对研究区聚落的空间变化和规模变化具有重要影响。一方面，城镇化发展是一个历史过程，城镇化进程中伴随着大规模的人口迁移、土地及地域空间的变化、地区产业结构的转变，这会对城镇聚落的空间扩张和规模增加产生影响。工业化的发展促进地区的科技进步和技术创新，并且带动地区乡村工业发展，而地区经济的发展和居民收入的提高会带来城市建成区面积的增加和农村居民住房面积的增长。农业现代化发展则促使农业的产业化发展，改善区域内的农业基础设施，提升农业机械化水平，使农业生产科技水平大幅提高，进一步解放生产力，农村剩余劳动力进入城市/城镇就业、居住、生活等，反过来助推城镇化，带来城乡聚落的变化。另一方面，城镇化、工业化、农业现代化之间相互影响，相互促进。工业化的发展可以为城镇化的持续进行提供动力，反过来，城镇化有助于提升工业生产的效率、科技的进步和创新的发展，可以提高区域整体发展水平，并进一步助推农业现代化发展。

7.2.1 人口增长

7.2.1.1 人口与聚落面积相关分析

城镇地域扩大和人口集聚是城镇规模变动的外在表现形式（高珊和张小林，2015），聚落作为人口的主要聚居形式（Hill，2003），人口数量的变化会直接影响聚落规模的变化，人口规模的扩大需要更大的生活空间和生产空间，同时，人口的增长也是地区聚落空间演化的主要社会动因（陈永林等，2015）。区域人口的增长会导致住房需求量的不断增加，促使人们聚居空间规模的不断扩大。1972～2015年开封市总人口数增加了212.46万人，平均每年增长4.94万人，1995～2015年商丘市人口数量平均每年增长7.15万人，1972～2015年周口市人口数量平均每年增长10.69万人[①]。为解决新增人口的生活空间问题，必须不断地增加建设用地规模，从

① 资料来源：1972年开封数据来源于开封市统计局《开封六十年1949—2008》的年鉴数据（http://tjj.kaifeng.gov.cn/ym/lhfw/），1975年周口数据来源于周口市统计局《2014年周口统计年鉴》（http://tjj.zhoukou.gov.cn/sitesources/tjj/page_pc/tjfw/tjsj/tjnj/list1.html），1995年商丘数据来源于河南省统计局《河南改革开放1978—2008》（数据光盘），2015年开封市、商丘市、周口市数据来源于《河南省统计年鉴2016》（https://tjj.henan.gov.cn/tjfw/tjcbw/tjnj/）。基于所获取统计数据分别进行测算得到分析时段的人口变化情况。

而加速了城镇聚落规模的扩大，而经济发展水平的提高和农民生活水平的提升，农村居民居住面积增加，也会促使乡村聚落规模的扩大。

在此借助于皮尔逊（Pearson）相关系数对县域单元聚落斑块面积和年末总人口、常住人口数据之间的相关性进行分析。它可以反映变量之间相关关系密切程度。首先是对2015年研究区21个县域聚落面积数据、年末总人口数据和常住人口数据分别进行正态分布检验，然后再进行皮尔逊相关系数计算。

对于传统农区而言，聚落斑块面积较大的县域，其人口也相对较多。1995年各县（市）聚落斑块面积与人口之间的皮尔逊相关系数为0.731（$p=0.000$），2015年则为0.913（$p=0.000$），20年间二者的相关系数逐渐增大，说明聚落斑块面积与人口之间的相关程度逐渐增强。由此可见，居民居住面积变化与区域人口数量显著正向相关，在一定程度上聚落斑块面积随着人口的增加而增加。由于1972年各县（市）人口数据难以获取，在此并未对1972年各县（市）聚落斑块面积与人口数据之间的相关关系进行测算。

以研究区县域单元聚落斑块面积数据和常住人口数据进行相关性分析。通过计算得到二者的皮尔逊相关系数为0.855（$p=0.000$）。这一结果说明研究区域内县域单元的聚落斑块面积与常住人口数据之间存在显著的正向相关性，即聚落斑块面积随着人口规模的增加而增加。

以研究区2015年各乡镇的聚落斑块面积数据和乡镇/街道人口数据进行相关性分析。计算得到2015年乡镇聚落斑块面积与人口数据之间的皮尔逊相关系数为0.476（$p=0.000$），说明区域内的乡镇聚落斑块面积与人口规模之间存在显著的正向相关性，这进一步表明聚落斑块面积随着人口的增加而增加，二者相互影响，相互促进。

在人口因素之外，地区社会经济的发展，可以带动工业化和城镇化发展，且可推动地区农村产业化、乡村工业化和农业现代化的发展，进而改善区域基础设施建设和公共设施时间，完善地区交通网络的构建，进而可为聚落扩张提供必要的基础。

7.2.1.2 人口与聚落面积线性分析

根据调研获取的人口数据，以西华县作为案例分析村落人口与聚落面积之间的线性关系。2015 年西华县有 450 个社区委员会和村民委员会，结合西华县行政区划图和遥感影像图，将所有村落点数据与聚落斑块数据进行一对一的核对和匹配，最终得到西华县 412 个村落的有效点数据和聚落斑块数据。其余有 25 个社区居民委员会的点数据在空间上和行政区划中归属于西华县城关镇，分别属于娲城街道、箕子台街道和昆山街道，在村落面积和人口线性分析中，这一部分不包括在内；另外有 13 个村落数据进行了归并处理，譬如七里仓村民委员会，其包括七里仓一村村民委员会、七里仓二村村民委员会、七里仓三村村民委员会、七里仓四村村民委员会、七里仓五村村民委员会，这 5 个村委会空间上相邻，难以有效进行区域划分，将其进行合并处理，相应地，人口数据也进行合并处理。

对 2015 年西华县 412 个村落面积和人口数据进行线性分析，得到二者的线性拟合方程为：$y = 71.062x + 2438.5$（$R^2 = 0.3354$）。其中，y 表示村落面积，x 表示村落人口，模型的拟合优度相对较低。可以看出，多数村落的面积和人口数据聚集分布在拟合直线周围，且相对集中在3000人以下、0.3平方千米以下的范围内，但在拟合直线的上方和右下方也分布有部分偏离直线的村落。

根据上述已得到的线性方程，在保持西华县2015年村落人口数据不变的情况下，计算2015年西华县相应聚落面积数据的理论值，并将其与真实值进行比较，计算村落聚落面积数据的理论值与真实值之差[将其记为t（单位：平方千米）]，并据此统计拟合直线不同范围内村庄聚落数量和规模的分布情况（见图7-3）。其中，不同范围分别是：理论值明显大于实际值（$t>0.1$）、理论值明显小于实际值（$t<-0.1$）、拟合直线附近（$-0.1\leq t\leq 0.1$）（见表7-1）。

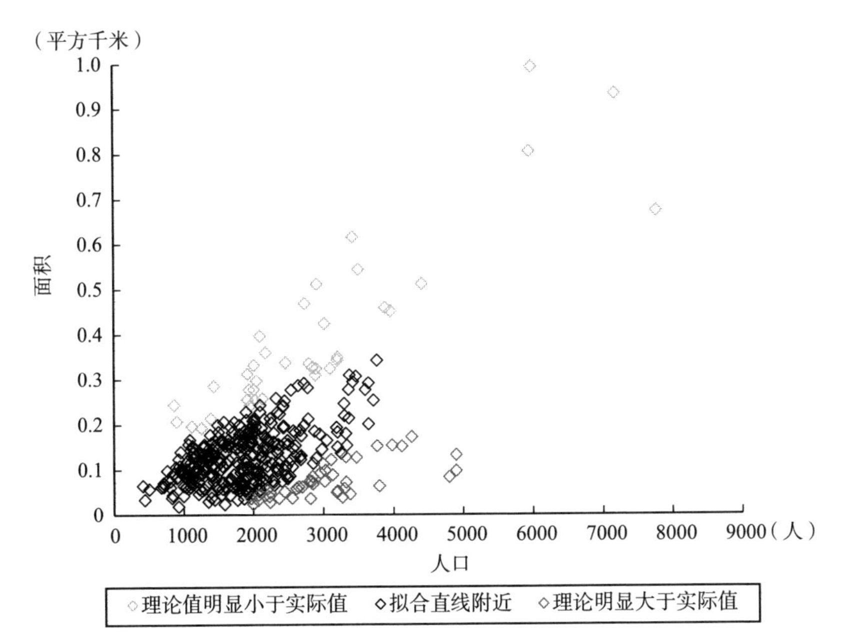

图7-3　2015年西华县不同范围内村落面积与人口散点图

表 7－1　　2015 年不同面积差值范围内西华县村落情况

范围	村落数量（个）	人口均值（人）	人口标准差	面积均值（公顷）	面积标准差
$t < -0.1$	37	2901.70	1654.82	39.60	20.17
$-0.1 \leq t \leq 0.1$	334	1823.72	658.43	12.89	5.96
$t > 0.1$	41	3067.12	895.22	7.65	4.06

分析结果显示：（1）西华县村落面积理论值明显大于实际值（$t > 0.1$）的村落数量是 41 个，这一范围内人口均值约是 3067 人，面积均值为 7.65 公顷，线性模型测算的村落面积规模的理论值比实际规模而言相对较大，但村落之间存在一定的人口差异。（2）根据线性模型测算的村落面积的理论值小于实际值（$t < -0.1$）的村落数量是 37 个，这一范围内的人口均值约是 2902 人，面积均值为 39.60 公顷，模型测算的村落面积规模比实际规模而言相对较小，且 37 个村落的实际面积均值明显较高，为 12.89 公顷，且实际面积标准差的数值相对较高，村落之间存在较大的面积差异。（3）根据线性模型测算的村落面积和人口数据位于拟合直线附近的村落数量是 334 个，占样本村庄总数的 81.07%，这一部分村落面积的理论值与实际值之差介于 $-0.1 \sim 0.1$，聚落面积和人口数据之间相对吻合，人口均值约是 1824 人，面积均值为 12.89 公顷，模型测算的村落面积规模的理论值和实际规模之间的差别相对较小。（4）在空间分布上，西华县村落面积理论值高于实际值的村落集中分布在城关镇，而理论值低于实际值的村落和位于拟合直线附近的村落则呈现分散分布态势。

进一步计算 412 个村落到西华县县城的距离，对距县城不同距离半径内的聚落斑块面积和人口数据进行分析（见表7-2）：（1）随着距县城距离的增加，村落数量、聚落斑块面积和村落人口均呈现出先增加后减少的态势。0~5 千米范围内的村落总面积为 385.88 公顷，10~15 千米范围内的村落总面积上升至 1539.76 公顷，聚落面积增加较为明显，相应地，这一距离范围内的人口数量也较高，为 217621 人。（2）距离县城距离越远，人均斑块面积越大。0~5 千米范围内人均斑块面积为 65.77 平方米，距县城距离为 20 千米以上时，该范围内的人均斑块面积已增加至 70 平方米以上，在距县城距离为 35 千米以上时，该范围内的村落人均斑块面积为 112.23 平方米。这与村落人口和面积线性关系的测算结果对比来看，以人口数据测算的面积实际值低于理论值的村落多分布在距县城较近的地方。城镇化过程中，聚落斑块空间扩张，人口逐渐聚集，使距县城距离较近的村落人均聚落面积略低于较远距离的聚落。

表 7-2　2015 年距西华县县城不同距离范围内村落情况

到县城距离（千米）	村落数量（个）	聚落总面积（公顷）	村落总人口（人）	人均斑块面积（平方米）
0~5	26	385.88	58668	65.77
5~10	87	1168.47	175860	66.44
10~15	114	1539.76	217621	70.75
15~20	77	1074.50	162771	66.01
20~25	41	690.00	90599	76.16
25~30	16	328.82	37312	88.13
30~35	16	307.31	33212	92.53
>35	35	704.62	62785	112.23

西华县县城位于城关镇，城关镇辖区内有社区居民委员会25个。结合所获取的西华县第二次地名普查数据，县域内居民委员会人口数量最多的是东桥居民委员会，位于昆山街道，人口总数是5620人，而人口数量最少的是周庄居民委员会，位于娲城街道，人口总数是1017人；居民委员会面积最大的是唐宋岗居民委员会，位于箕子台街道，面积是4.711平方千米，而面积最小的是东湖居民委员会，同样位于箕子台街道，面积是0.35平方千米。可见，西华县居民委员会在人口和面积方面存在较大差别。对人口密度进行计算，县域内东湖居民委员会的人口密度数值最大，高达6571.43人/平方千米，人口密度最小的唐宋岗居民委员会为768.84人/平方千米，二者存在较大差别。综合来看，城关镇各居民委员会单位居住面积上居住人口数量较高。这是由于西华县县城位于城关镇，该区域范围内的行政村多是以居民委员会的形式存在，而县城市辖区范围内聚落发展受到严重的土地制约，土地利用程度相对较高，社区居委会的发展多是向纵向发展，横向发展受限。

7.2.1.3 人口流动与聚落变化

改革开放之后，对人口跨区域流动的限制有所减弱，大量农村剩余劳动力流入城市，加快了城镇化的进程。据《中国流动人口发展报告2016》中数据可知，“2015年我国流动人口规模达2.47亿人，当前我国仍处于城镇化快速发展阶段，按照《国家新型城镇化规划》的进程，2020年我国仍有2亿以上的流动人口”①，流动人口约占全国总人口的1/6。同时，“流动人口的居留稳定性持续增

① 资料来源：中华人民共和国国家卫生健康委员会、流动人口计划生育服务管理司.《中国流动人口发展报告2016》发布［EB/OL］.（2016－10－19）［2018－07－22］. http：//www.nhfpc.gov.cn/ldrks/s7847/201610/d17304b7b9024be38facb5524da48e78.shtml.

强”，这主要是由于城镇化过程中，城市/城镇能够创造出相对于乡村而言较多的就业机会，吸引了大量的农村剩余人口进入城市。城市作为区域发展的经济中心，能够带动地区的经济发展，而区域经济水平的提高又对城市发展具有一定的促进作用，如生产方式、聚落形态、生活方式、基础设施建设等的变化。

城镇化过程中，城镇人口大幅增加，城市/城镇建设用地面积剧增。1978年我国城镇人口数占年末总人口的比重为17.92%，至2015年这一比重上升至56.1%，城镇人口数增加了59871万人[①]。城镇人口的大量增加，带来区域建设用地面积的大幅增加。豫东平原地区的开封、商丘、周口的城镇常住人口数增加幅度较大，2005年为542万人，2015年为808万人，而1990年非农业人口数仅为295万人；建成区面积扩大，2005年为171平方千米，2015年为260平方千米，而2000年仅为120.5平方千米。对开封市辖区和各县常住人口和总人口的统计发现，2005年开封市辖区总人口为78.12万人，常住人口为89.11万人，杞县常住人口相对较多，为99.67万人，而通许县常住人口仅为57.45万人；至2015年开封市辖区总人口增加至92.75万人（不包含祥符区），常住人口上升至93.79万人，杞县常住人口有所减少，为91.08万人，通许县常住人口数同样呈减少态势，为52.71万人[②]。综合来看，中心城市市辖区作为区域的发展中心，其常住人口数量较多，基础设施建设更为完善和便捷，第三产业的发展所提供的就业机会使得农村剩余劳

① 资料来源：国家统计局《中国统计年鉴2016》，http：//www.stats.gov.cn/tjsj/ndsj/.

② 资料来源：1990年数据来源于河南省统计局《河南统计年鉴2001》（数据光盘）；2005年、2015年数据来源于河南省统计局《河南省统计年鉴2006》《河南省统计年鉴2016》，https：//tjj.henan.gov.cn/tjfw/tjcbw/tjnj/.

动力更多地进入城市务工或生活，人口在城镇地区集聚，会进一步带来城市/城镇聚落规模的增加。

在这一过程中，农村居住面积也大幅增加。农村剩余劳动力地区间的大规模空间迁移，旨在寻求家庭收入的增加，农村剩余劳动力进入城市/城镇工作、生活，但由于城市/城镇房价过高、落户政策限制、生活成本剧增等原因使得大多数人口趋向于选择在农村原有宅基地建造/改建房屋，带来了农村居住用地面积的大幅度增加。从研究区农村居民家庭住房情况来看，2015 年人均拥有住房面积为 41.7 平方米，2010 年农村居民家庭人均住房面积为 26.35 平方米，2005 年人均住房面积仅为 23.51 平方米①。

7.2.2 经济发展

地区经济发展会对城乡居民收入产生影响，而城乡居民收入的提高会进一步影响聚落用地的变化。城市作为地区的经济发展中心，城市建成区面积随着经济的发展而快速增长，乡村聚落的扩展与经济发展水平也存在密切关联（郭晓东等，2012）。有学者认为，经济发展，尤其是人均 GDP 的变化和农村居民人均纯收入的变化，对乡村聚落用地变化产生着影响（李红波等，2015）。在此选取农村居民人均纯收入、人均 GDP 和年末农村居民人均住房面积数据对经济发展与乡村聚落规模的变化进行分析。其中，河南省选取的数据时段为 2000 ~

① 资料来源：河南省统计局《河南省统计年鉴 2006》《河南省统计年鉴 2011》《河南省统计年鉴 2016》，https：//tjj. henan. gov. cn/tjfw/tjcbw/tjnj/。经查询得到开封市、商丘市、周口市的农村居民家庭人均住房面积数据，进行均值计算得到研究区的数值。

2013 年，这是由于农村居民人均纯收入数据在 2014 年之后地区统计年鉴中不再有这一指标，但人均 GDP 和年末农村居民人均住房面积数据时段为 2000 ~ 2015 年。对豫东平原地区的开封市、商丘市、周口市 3 个地区的数据获取情况分别为 2000 ~ 2013 年、2005 ~ 2013 年、2000 ~ 2013 年。将农村居民人均纯收入和年末农村居民人均住房面积、人均 GDP 和年末农村居民人均住房面积分别进行拟合，并绘制散点图（见图 7 - 4、图 7 - 5）。在对数据进行不同模型拟合的过程中发现，幂指数模型的拟合效果最好，拟合优度 R^2 均在 0.90 以上。这一分析结果表明，随着农村居民人均纯收入的提高和人均 GDP 的增长，年末农村居民人均住房面积呈现出幂指数增长的态势。

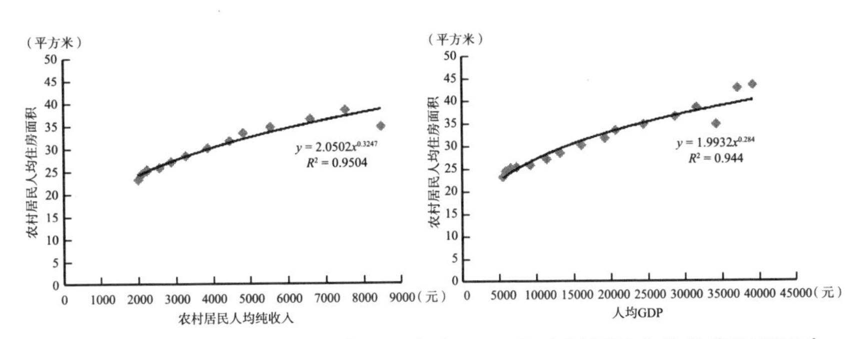

图 7 - 4　河南省农村人均纯收入、人均 GDP 与农村居民人均住房面积拟合

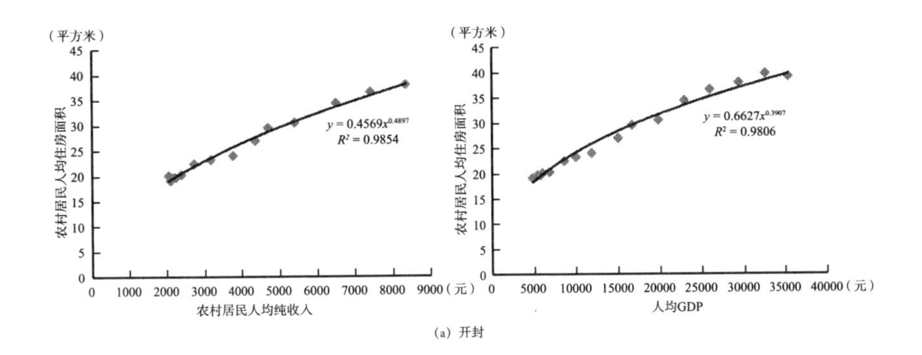

(a) 开封

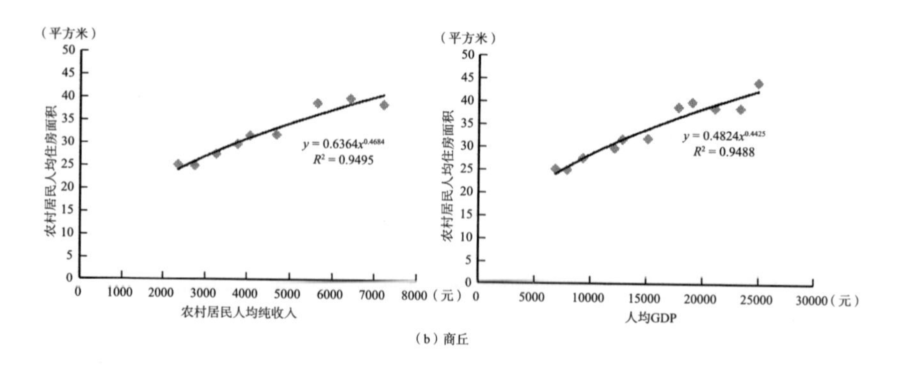

（b）商丘

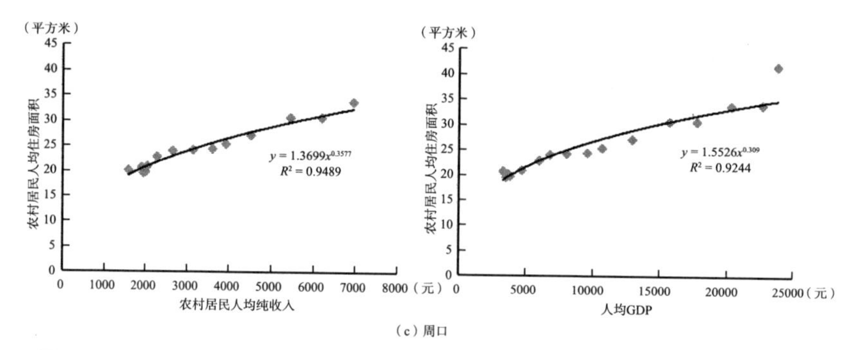

（c）周口

图 7－5　研究区农村人均纯收入、人均 GDP 与农村居民人均住房面积拟合

河南省农村居民人均纯收入与年末农村居民人均住房面积通过幂指数拟合得到的幂指数数值为 0.3247（$R^2=0.9504$），人均 GDP 与年末人均住房面积拟合得到的幂指数数值为 0.284（$R^2=0.944$）。这一分析结果说明，河南省农村居民人均纯收入和人均 GDP 对农村居民人均住房面积均具有重要影响，且农村居民人均住房面积受农村居民人均纯收入的影响高于人均 GDP。

对研究区开封市、商丘市、周口市农村居民人均纯收入、人均 GDP 和年末农村居民人均住房面积分别进行幂指数拟合，可以看出，开封市、商丘市、周口市的农村居民人均住房面积受农村居民人均纯收入的影响相对较大，对农村居民人均纯收入与年末农村居民人均住房面积根据模型分析拟合得到的幂指数分别为0.4897（R^2 =0.9854）、0.4684（R^2 =0.9495）、0.3577（R^2 =0.9498），均高于人均GDP与年末农村居民人均住房面积的幂指数和拟合优度。这一分析结果说明，研究区开封、商丘、周口地区的农村居民人均纯收入和人均GDP对农村居民人均住房面积均具有重要影响，且农村居民人均住房面积受农村居民人均纯收入的影响高于人均GDP。

7.2.3 交通发展

交通作为连接城乡聚落之间人流、物流、信息流的重要通道，对于城镇体系发展具有重要影响，且不同等级道路对聚落空间分布的影响会有所不同（吴江国等，2013；李红波等，2015）。交通发展水平和交通线路的空间布局对聚落的形成、空间分布具有重要影响。1972年研究区域内的交通发展水平低，交通线路较为稀疏，仅分布有少量的铁路和主要公路，随着地区社会经济发展，区域内交通网络逐步构建，铁路、国道、省道、高速公路等交通线路快速发展，并遍布境内。对研究区聚落分布影响因素分析时，发现随着距交通线距离的增加，聚落斑块总面积和斑块数量逐渐递减，1972年在距离交通线路0~500米范围内聚落斑块面积占区域总面积的比重较高，2015年在距离交通线路2000~2500米范围内聚落斑块面积占比较高。

进一步对研究区域内的国道、省道、高速公路、铁路这四种不同类型的交通线路做缓冲区分析，缓冲半径仍设置为500米，对各缓冲半径内的聚落斑块面积进行统计，并计算不同类型交通线路各缓冲半径内聚落斑块面积占缓冲条带内土地面积的比重（见图7-6）。

结果表明：（1）在缓冲半径 0～500 米范围内，国道、省道、铁路这三类交通线路对聚落有较大的空间吸引，聚落斑块面积占比相对较高。（2）省道对聚落分布的吸引相对更为明显，在 1000～1500 米范围内聚落斑块面积占比为 22.4%，明显高于其他类型交通线路，聚落斑块面积分布相对较为集中；铁路对聚落分布也有较强的空间吸引力，0～2000 米缓冲范围内随着距铁路距离的增加，聚落斑块面积分布逐渐集中，占各缓冲条带内土地面积的比重也逐渐上升；国道对聚落分布的影响在 1000～1500 米范围内较大，这一缓冲半径内聚落斑块面积占比较高。（3）高速公路对聚落分布呈现出一定的空间排斥，虽然在 0～1000 米范围内，聚落斑块面积占比有所上升，但上升幅度较小，高速公路作为一种封闭式交通，对线路两侧居民的物质、信息、能量等交流具有一定的阻碍，在聚落分布和扩张中有一定的限制作用。

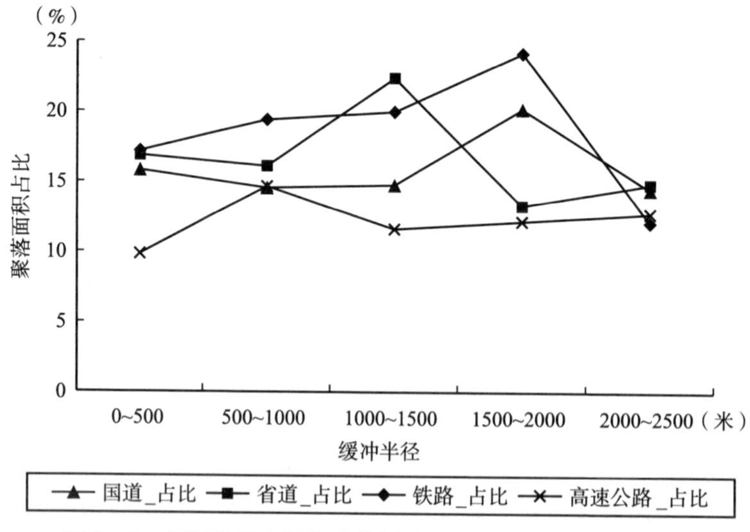

图 7－6　不同类型交通线路的缓冲半径内聚落斑块面积占比

区位优势具有动态性，与地区社会经济发展密切相关，经济水平的提高会有效改善地区基础建设及公共设施建设水平。而当具有区位优势的地点出现后，居民多趋向于在此居住，使得村庄聚落迅速聚集，并显著改善着聚落的空间分布，而区位交通条件是区位条件的一个重要体现。譬如，以商丘市为例，1985 年商丘市城区面积为 15 平方千米，8 个县城（永城市、夏邑县、虞城县、商丘县、柘城县、宁陵县、民权县、睢县）的城区面积为 4～7 平方千米，县城公用设施基础较差，街道狭窄，绿地面积少。1945 年，商丘市城区面积为 3.2 平方千米，人口不足 3 万人①。1995 年底，商丘市城市建成区面积为 15 平方千米。随着地区社会经济发展，城市建设不断推进。1997 年商丘市区建成区面积已达 30 平方千米，至 2015 年已增加至 63 平方千米。结合资料来看，商丘是一座“火车拉出来的城市”，交通对其发展具有重要影响②。县城发展速度也较快，以民权县为例，1986 年民权县县城大致呈正方形，面积为 5.35 平方千米，2015 年民权县城面积为 18.77 平方千米，县城城区面积发展迅速③。

结合研究区聚落发展的实际情况来看，聚落斑块的空间分布较多趋向于交通线路两侧或距其较近的地方，在公路干线两侧的村庄，尤其是地处干线交汇处的村庄，村民新建房屋时，多将房屋地址选在交通干线的两侧，依托交通优势，道路两侧的聚落逐渐形成

① 资料来源：商丘市地方史志办公室　商丘地情网．商丘概览：历史上的商丘［EB/OL］．（2013－06－02）［2018－08－14］. http：//www. sqsdqw. com/bencandy. php? fid＝48&id＝695.

② 资料来源：商丘网．从“小朱集”到“大商丘”［N/OL］．（2018－02－23）［2018－08－09］．商丘日报，http：//www. sqrb. com. cn/sqnews/2018－02/23/content_2549881. htm.

③ 资料来源：民权县地方史志编纂委员会 1987 年《民权县志》，http：//www. hnsqw. com. cn/sqssjk/sqxqz/sqmqxz/index. htm.

规模，且部分地区在公路干线交会处出现新兴集镇。随着乡村经济的快速发展，城乡道路、村庄道路逐步扩宽和完善，农村居民交通客货运输更为便捷，农村居民房屋建设逐渐分布在距交通线一定距离的地方，一方面是由于村镇建房局限在原有宅基地或者村庄空闲地块内，使得村庄聚落逐渐被内部填充或外延，另一方面则是由于铁路、高速公路、国道等线路客货车运输量较大，对居民生活产生一定的噪声影响，故随着地区社会经济发展和交通网络的构建，聚落也趋向于分布在距离交通线一定距离的地方。

结合上述对研究区聚落变化影响因素的探讨，在此对区域聚落规模和空间分布的影响因素进行分析。其中，前者主要是通过回归模型分析区域基础、交通区位、社会经济方面的因素对乡镇范围内聚落面积的影响；后者是分析河流、交通、中心城市发展对聚落空间分布的影响。

7.3　聚落变化影响因素模型构建

书中对聚落变化的影响因素分析从两部分展开：（1）聚落规模的影响因素分析以研究区乡镇单元聚落面积数据和地区社会经济发展数据为基础，对影响聚落规模的相关因素进行研究，并借助于回归模型进行具体测度；（2）聚落空间分布的影响因素分析，主要是从河流因素、区位交通因素和中心城市发展三个方面进行。结合这一分析尝试对平原农区聚落发展提供科学的认识，为区域聚落发展提供参考。

7.3.1 多元线性回归模型

在现实问题研究中，因变量的变化往往受几个重要因素的影响，此时就需要用两个或两个以上的影响因素作为自变量来解释因变量的变化，当多个自变量与因变量之间是线性关系时，所进行的回归分析就是多元线性回归。

设 Y 为因变量，x_1，x_2，…，x_i 为自变量，并且自变量与因变量之间为线性关系时，则多元线性回归模型的一般公式为：

$$Y = \alpha + \beta_1 x_1 + \beta_2 x_2 + \cdots + \beta_n x_n + \varepsilon \qquad (7-1)$$

式中，Y 为因变量，x_i（$i=1$，2，…，n）为自变量，α 为常数项，β_i（$i=1$，2，…，n）为待估参数，可以通过普通最小二乘法进行估计，ε 为随机误差项。

7.3.2 空间回归模型

考虑到普通最小二乘模型的残差存在空间自相关，进一步利用空间回归模型检查变量在消除空间自相关后的显著性（陈强，2014）。主要是空间滞后模型（spatial lag model，SLM）、空间误差模型（spatial error model，SEM）及空间自回归—残差自回归模型。书中主要是使用 SLM 模型和 SEM 模型对聚落影响因素进行分析。

（1）空间滞后模型。

这一模型描述的是空间实质相关。模型的一般公式为：

$$Y = \lambda WY + \beta x + \varepsilon \tag{7-2}$$

式中，Y 为被解释变量，X 为解释变量，W 为空间权重矩阵（非随机产生），而空间依赖性通过参数 λ 来进行刻画，用以度量空间滞后 WY 对 Y 的影响，称为“空间自回归系数”（spatial autoregressive parameter）；β 为自变量的参数估计值。加入空间权重矩阵 W，可表示相邻地区的被解释变量可能相互依赖，并最终形成一个均衡的结果。

（2）空间误差模型。

这一模型描述的是空间扰动相关和空间总体相关。模型的一般公式为：

$$Y = \beta x + \varepsilon,\ \varepsilon = \lambda W\varepsilon + u \tag{7-3}$$

式中，$u \sim N[0, \sigma^2 I]$。λ 为空间误差相关系数，对邻近个体关于被解释变量的误差冲击对本个体观察值的影响程度；其他变量的含义同上一公式。

7.3.3 变量说明

结合平原农区聚落变化分析框架，并且根据研究区域内的聚落发展现状和地区间聚落发展的差异，书中尝试以 2015 年研究区域内的乡镇范围内的聚落面积数据作为因变量，以乡镇尺度的社会经济发展因子作为自变量对影响聚落面积的相关因素进行分析。同时，基于科学性、合理性、有效性及可获得性的原则，书中选取 2015 年研究区乡镇社会经济发展状况、交通区位、自然条件、区域基础 4 个方面的 11 个指标进行分析（见表 7-3）。社会经济发展数据来源于2016年《中国县域统计年鉴》中的乡镇卷[①]，基于常住人口、从业人员、二三产业从业人员、工业总产值等数据选取指标，其他数据均通过乡镇、聚落斑块、交通线路、河流图层等数据在ArcGIS软件中进行叠置分析、区域计算和字段计算得到。需要说明的是，2015年研究区共有435个，结合统计年鉴数据可得到418个有效样本乡镇数据，由于区域内各县的城关镇数据难以有效从市辖区/县城分离而获取相应的社会经济发展数据，故在模型分析时将这一部分进行剔除。

表7-3　　研究区聚落规模影响因素相关变量设定及含义

要素集	变量	符号表示	含义
社会经济	常住人口	*popu*	乡镇常住人口数
	从业人员数	*emp*	乡镇从业人员数
	二三产业从业人员占比	*stemp*	乡镇二三产业从业人员数所占比重
	工业总产值	*indus*	乡镇工业总产值
交通区位	到地级市距离	*city_dis*	乡镇到地级城市的距离
	到最近县城的距离	*coun_dis*	乡镇到最近县城的距离
	乡镇村道密度	*xzcd_den*	乡镇范围内乡镇村道长度与行政区面积比值
	交通线路密度	*tc_den*	乡镇国道/省道/县道线路长度与行政区面积比值
自然条件	河流密度	*riv_den*	乡镇范围内河流长度与行政区面积的比值

① 资料来源：国家统计局农村社会经济调查司.2016年中国县域统计年鉴（乡镇卷）[M].北京：中国统计出版社，2017. http：//tongji. cnki. net/kns55/Navi/HomePage. aspx? id = N2018070160&name = YXSKU&floor = 1.

续表

要素集	变量	符号表示	含义
区域基础	1972 年乡镇聚落面积	$hist_1$	1972 年乡镇范围内聚落面积的对数
	1995 年乡镇聚落面积	$hist_2$	1995 年乡镇范围内聚落面积的对数

所选取的指标主要有：（1）社会经济发展状况选择常住人口、从业人员、二三产业从业人员占比、工业总产值 4 个指标数据，可以反映乡镇社会经济发展情况。（2）交通区位因素选择乡镇中心点到最近县城和地级市的直线距离进行表征，可以反映乡镇对外的交通便捷程度；交通方面选取交通密度指数、乡镇村道密度两个指标，其中交通密度指数是指乡镇范围内公路密度，由于国道、省道、县道是区域公路网的主体，在此选择国道、省道、县道作为公路线路数据，通过计算每一种类型线路在乡镇单元内的长度与乡镇行政区面积的比值得到国道密度、省道密度、县道密度，然后通过等权重加总得到交通密度指数。同时，交通发展方面的乡镇村道密度指数并未合并到交通密度指数，主要是由于对于乡镇范围内的聚落发展而言，乡镇村道对其影响相对较大，且区域内乡镇村道线路密集，故此将这一指标单列作为影响聚落变化的因素之一。（3）自然条件方面选择河流密度指标，反映聚落斑块初始区位选择和聚落发展过程中的自然要素。（4）区域基础方面选择乡镇范围内 1972 年和 1995 年的聚落面积数据，以此表征区域早期聚落发展的基础。

在多元线性回归模型和空间回归模型中，因变量 Y 为乡镇聚落面积数据，自变量 x_i 为各指标数据。具体的统计分析是在 Stata 和 Geoda 软件中进行运算得到的。

7.4　聚落规模影响因素分析

7.4.1　统计分析

在此首先对因变量与自变量之间的皮尔逊相关系数进行计算（见表7-4），其中，常住人口、从业人员数、交通线路密度、1972年乡镇聚落面积、1995年乡镇聚落面积与2015年乡镇聚落面积之间显著正相关，在1%水平上显著，说明常住人口和从业人员数量多、交通便捷、聚落发展基础越好的乡镇，2015年其聚落面积越大。二三产业从业人员占比、到地级市距离与2015年乡镇聚落面积之间呈现显著正相关，在5%水平上显著，说明二三产业从业人员占比越高、到地级市距离越远的乡镇，2015年其聚落面积越大。同时，到最近县城的距离、河流密度与因变量显著负向相关，且在5%水平上显著，说明到县城距离越远的乡镇聚落面积相对越小。需要说明的是区域基础方面的1972年乡镇聚落面积和1995年乡镇聚落面积与因变量之间均呈现显著正相关，且从相关系数来看，1995年乡镇聚落面积对因变量的影响更大。

表7-4　乡镇聚落面积与自变量之间的相关系数

自变量	常住人口	从业人员数	二三产业从业人员占比	工业总产值	到地级市距离	到最近县城距离
相关系数	0.546**	0.512**	0.101*	0.029	0.109*	-0.098*

续表

自变量	乡镇村道密度	交通线路密度	河流密度	1972 年乡镇聚落面积	1995 年乡镇聚落面积
相关系数	0.061	0.129 **	-0.118 *	0.413 **	0.677 **

注：**，表示在1%水平（双侧）上显著相关；*，表示在5%水平（双侧）上显著相关。

如果存在空间效应，则 OLS 估计是有偏差的，需要进行空间效应的诊断（Anselin，1988）。基于车相邻（rook contiguity）方式生成空间权重矩阵，并进行空间效应的检验（见表7-5）。其中，针对空间误差的检验中拉格朗日乘数（lagrange multiplier）、稳健性拉格朗日乘数（robust lagrange multiplier）均在1%水平上显著，其拒绝了“无空间自相关”的原假设；而针对空间滞后的检验中，拉格朗日乘数、稳健性拉格朗日乘数的 p 值均大于0.05，并不显著，这两项没有拒绝原假设。因此，应当进行空间计量分析。与此同时，普通线性回归模型与空间回归模型的拟合效果检测，在拟合优度之外较为合适的测度指标是对数似然估计（log likelihood）、赤池信息准则（Akaike information criterion，AIC）和施瓦茨准则（Schwartz criterion，SC）（叶阿忠等，2015），判断标准为对数似然估计值越大，赤池信息准则、施瓦茨准则数值越小，则模型拟合效果越好（吴玉鸣和李建霞，2006；Li et al，2015）。

表7-5　OLS 回归的空间效应检验

空间效应类型	检验	统计值	p 值
空间误差（spatial error）	拉格朗日乘数	16.302	0.000
	稳健性拉格朗日乘数	15.330	0.000

续表

空间效应类型	检验	统计值	p 值
空间滞后（spatial lag）	拉格朗日乘数	0.971	0.324
	稳健性拉格朗日乘数	0.000	0.992

7.4.2　模型结果与分析

由 OLS 回归结果和空间回归分析可以看出（见表 7－6），OLS 模型的 F 统计量为 75.1837，p 值为 0.000，该模型在 1% 水平上显著，且这一模型解释了变量变化的 66.2%。结合空间效应检验，进行 SEM 模型和 SLM 模型分析，结果发现，SEM、SLM 的对数似然估计数值均大于 OLS，且 SEM 模型的 AIC、SC 数值均小于 OLS。同时，SEM 模型的误差项的空间自回归系数（*lambda*）的估计值为 0.256，p 值为 0.000，说明模型在 1% 水平上显著，且该模型的拟合优度（$R^2 = 0.677$）略高于 OLS；SLM 模型的空间自回归系数（$W-Y$）的估计值为 −0.042，p 值为 0.355，并不显著。因此，得到具体的空间误差模型构造如下，并将其记为模型 7－1：

$$\ln Y = 41.15 + 0.906popu + 0.033stemp + 0.016indus - 0.003xzcd\_den - 5.267tc\_den - 1.332hist_1 + 0.256W\varepsilon$$

结合模型 7－1 来看，乡镇聚落面积的空间误差项系数为 0.256，且结果显著，说明研究区乡镇之间的聚落面积存在正向的空间相关性，说明邻近乡镇的聚落面积具有区域集聚特点。其中，乡镇常住人口、二三产业从业人员占比、工业总产值 3 个指标与因变量 2015 年乡镇聚落面积之间显著正相关，乡镇村道密度、交通线路密度和初期乡镇聚落面积与因变量 2015 年乡镇聚落面积之间显著负相关。

表 7－6　　乡镇聚落面积影响因素的模型分析结果

自变量	线性回归模型（OLS）	空间误差模型（SEM）	空间滞后模型（SLM）
常量	38.72 (4.24)	41.15 (4.09)	38.99 (4.21)
popu	0.862*** (0.078)	0.906*** (0.08)	0.861*** (0.077)
emp	-0.027 (0.105)	0.049 (0.11)	-0.025 (0.103)
stemp	0.031*** (0.005)	0.033*** (0.004)	0.031*** (0.004)
indus	0.017*** (0.004)	0.016*** (0.004)	0.017*** (0.004)
city_dis	-0.001 (0.004)	-0.002 (0.006)	-0.000 (0.005)
coun_dis	-0.073 (0.014)	0.005 (0.016)	0.003 (0.014)
xzcd_den	-0.003*** (0.000)	-0.003*** (0.000)	-0.003*** (0.000)
tc_den	-5.587*** (1.260)	-5.267*** (1.249)	-5.624*** (1.241)
riv_den	-0.001 (0.001)	-0.001 (0.001)	-0.001 (0.001)
$hist_1$	-1.269*** (0.336)	-1.332*** (0.373)	-1.263*** (0.331)
$hist_2$	-0.552 (0.344)	-0.680 (0.377)	-0.539 (0.339)
R^2	0.662	0.677	0.662
lambda		0.256***	
W-Y			-0.042
Log likelihood	-863.522	-856.584	-863.133
AIC	1751.04	1737.17	1752.27
SC	1799.95	1786.07	1805.25

注：括号内为标准差数据，*、**、*** 分别表示 10%、5%、1% 的显著性水平。

从区域聚落发展的实际情况来看，乡镇常住人口数据和工业总产值高低对地区聚落发展具有正向促进作用，人口、产值的增加会通过地区经济发展进而扩大地区聚落规模，但一个地区的人口、产值都不是外生的，且区域内的道路密度、聚落发展的区域基础等会通过影响常住人口数量多少、工业产值高低来影响聚落规模。由于模型7-1以乡镇聚落面积的对数作为因变量，控制了乡镇常住人口和工业总产值，会在一定程度上低估地区道路密度、区域基础等的作用。同时，聚落规模并不仅可以使用面积来衡量，人口、产值也可作为聚落规模的其他维度。

为进一步分析乡镇道路密度和历史发展基础对聚落规模的影响，在此分别以乡镇常住人口数据 $Y(popu)$ 和工业总产值数据 $Y(indus)$ 作为因变量，通过模型比较，空间误差模型的拟合优度相对较高，且AIC和SC数值较小。据此进一步构建空间误差模型进行回归分析（见表7-7），根据得到的分析结果将这两个模型分别记为模型7-2和模型7-3。

模型7-2：

$$Y(popu) = -11.39 + 0.976emp + 0.013stemp - 0.001riv\_den + 0.876hist_1 + 0.503W\varepsilon$$

模型7-3：

$$Y(indus) = -72.02 + 1.176emp + 0.188stemp + 0.01xzcd\_den + 0.194W\varepsilon$$

其中，模型7-2的误差项空间自回归系数的估计值为0.503，p 值为0.000，说明模型在1%水平上显著，该模型的拟合优度为0.685；模型7-3的误差项空间自回归系数的估计值为0.194，p 值为0.002，说明模型在1%水平上显著，其拟合优度为0.149。

表7-7　乡镇常住人口和工业总产值影响因素的SEM模型分析结果

自变量	模型7-2		模型7-3	
	系数	标准误	系数	标准误
常量	-11.39***	2.047	-72.02	39.46
emp	0.976***	0.047	1.776**	0.858
stemp	0.013***	0.003	0.188***	0.047
city_dis	-0.004	0.005	0.089	0.059
coun_dis	0.002	0.011	-0.391	0.169
xzcd_den	0.000	0.000	0.010***	0.003
tc_den	-1.013	0.718	-1.251	13.93
riv_den	-0.001***	0.001	-0.007	0.012
$hist_1$	0.876***	0.139	4.886	2.647
lambda	0.503***	0.050	0.194***	0.064
R^2	0.685		0.149	
Log likelihood	-623.03		-1910.87	
AIC	1264.07		3839.73	
SC	1300.74		3876.41	

注：括号内为标准差数据，*、**、*** 分别表示10%、5%、1%的显著性水平。

结合模型7-2来看，以乡镇常住人口数据作为因变量进行分析，乡镇常住人口的空间误差项系数为0.503，且结果显著，说明研究区邻近乡镇常住人口具有区域集聚特点。其中，乡镇从业人员数、二三产业从业人员占比和1972年乡镇聚落面积3个指标与因变量2015年乡镇常住人口数之间显著正相关，到河流的距离与因变量乡镇聚落常住人口之间呈现出较为微弱的负相关关系。

结合模型 7－3 来看，以乡镇工业总产值数据作为因变量进行分析，乡镇工业总产值的空间误差项系数为 0. 194，且结果显著，说明研究区邻近乡镇的工业总产值具有区域集聚特点。其中，乡镇从业人员数、二三产业从业人员占比、乡镇村道密度 3 个指标与因变量 2015 年乡镇工业总产值之间显著正相关。

综合三个模型的分析结果来看，乡镇常住人口、二三产业从业人员占比、工业总产值 3 个指标对乡镇聚落面积具有显著的正向影响，从业人员数、二三产业从业人员占比和 1972 年乡镇聚落面积 3 个指标对乡镇常住人口具有显著的正向影响，从业人员数、二三产业从业人员占比和乡村道路密度 3 个指标对乡镇工业总产值具有显著正向影响。可以看出，乡镇常住人口、工业总产值与乡镇聚落面积密切相关，三者之间互相促进、互相影响，且乡镇从业人员数、二三产业从业人员占比、1972 年乡镇聚落面积、乡镇村道密度对聚落规模具有较为显著的正向促进作用。

具体来看，模型 7－1 中乡镇常住人口对乡镇聚落面积具有显著正向影响，即乡镇常住人口越多，人均住房面积的需求越大，对这一时期聚落面积的增加具有正向影响，使乡镇聚落总面积有所增加，相对而言常住人口对乡镇聚落面积的影响程度为 0. 906，综合来看高于其他变量所产生的影响。在控制其他变量的前提下，乡镇常住人口每增加 1 万人，因变量 2015 年乡镇聚落面积的自然对数将增加 0. 906。同时，乡镇工业总产值也显著正向影响该年份乡镇聚落面积，随着乡镇工业总产值的增加，乡村经济发展会带来更多的就业机会，带动乡村从业人员的变化，反过来会影响地区常住人口数量，吸引人口的居住和就业，促进乡镇聚落面积的增加。

社会经济方面，乡镇从业人员数、二三产业从业人员占比对乡镇常住人口和乡镇工业总产值呈现显著正相关关系，即乡镇从业人员数、二三产业从业人员数越多，地区常住人口数随之增加，而从业人员数的增加也进一步表明地区的产业发展较好，尤其是乡镇/乡村工业的发展，这是由于随着农业现代化的发展和农村劳动力技能水平的提高，第一产业的劳动力投入逐渐减少。在模型 7 – 2 中，控制其他变量，乡镇从业人员数每增加 1 万人，因变量乡镇常住人口将增加 9764 人；在模型 7 – 3 中，控制其他变量，乡镇从业人员数每增加 1 万人，因变量乡镇工业总产值将增加 1. 776 万元。与此同时，从业人员数量的增加和乡镇工业总产值的提高会进一步影响聚落面积的增加。

交通发展方面，乡镇村道密度和交通线路密度对乡镇聚落面积具有显著影响，这是由于交通线路作为区域间信息交流、要素流动的重要廊道，对聚落发展至关重要，尤其是村庄道路作为乡镇对内交通的重要组成部分，国道、省道、县道作为乡镇对外交通的重要通道，不同类型交通线路的完善和构建可在一定程度上引导乡村聚落用地变化，且交通发展对聚落的影响日益明显。结合模型 7 – 3 来看，乡镇村道密度与工业总产值之间呈现显著正相关关系，乡镇村道越密集，表明地区交通线路越通畅、便捷，为生产要素的空间流动提供通道，对地区产业发展具有促进作用。

区域基础方面，1972 年乡镇聚落面积对 2015 年乡镇聚落面积具有显著负向影响，即初期乡镇聚落面积对 2015 年乡镇聚落面积具有一定的制约。期初聚落面积大小表征的是地区聚落面积的区域基础，而现阶段地区聚落面积的大小可能正是长期历史积累的结果。

统计分析发现，1972 年乡镇范围内聚落面积高于均值 2.596 平方千米的乡镇数量为 187 个，2015 年为 178 个，三个年份均高于相应年份均值的乡镇数量为 79 个，1972 年和 2015 年乡镇范围内聚落面积均高于均值的乡镇数量是 102 个，说明期初聚落面积较大的乡镇，2015 年聚落面积仍较大，二者相关系数较高也进一步证实这一分析。同时，结合模型 7－2 来看，1972 年乡镇聚落面积与乡镇聚落人口之间显著正相关，且回归系数为 0.876，说明期初聚落面积较大的乡镇，其 2015 年乡镇常住人口数量较多。

基于以上分析，社会经济、交通发展、区域基础等是影响乡镇单元内聚落规模变化的重要因素，常住人口数、二三产业从业人员数占比、工业总产值对乡镇单元内聚落面积具有正向的促进作用，且常住人口的影响相对较大。同时，乡镇村道密度对工业总产值具有正向影响，期初聚落面积对乡镇常住人口数具有正向影响。可见，交通发展和期初聚落发展状况对地区聚落人口和工业总产值的发展则是起着促进作用。

7.5　聚落空间分布影响因素分析

7.5.1　河流因素

以研究区 5 级以上河流作为对象建立间隔为 1 千米的 5 级缓冲区，分析不同缓冲区范围内聚落分布情况（见表 7－8）。由聚落景观格局指数分析可以看出，随着距河流距离的增加，1972 年和 2015

年聚落斑块面积、斑块数量均逐渐减少，二者占总体比重有所降低，聚落分布的河流指向性明显。2015 年距河流不同范围内聚落斑块面积、平均面积较 1972 年均有所增加，聚落斑块数量则减少，这一分析表明距离河流越近，聚落斑块面积相对越大，随着城乡聚落发展，由于聚落斑块面积的逐渐增大，同一缓冲区内聚落斑块数量则有所减少。

表 7－8　　　　不同河流缓冲区内聚落景观指数变化

年份	指标	0～1 千米	1～2 千米	2～3 千米	3～4 千米	4～5 千米
1972	聚落斑块数量（个）	5210	4982	4605	3986	3516
	占总数量的比重（%）	14.23	13.6	12.57	10.88	9.6
	聚落总面积（平方千米）	178.36	159.07	142.75	121.51	140.22
	占区域总面积的比重（%）	15.02	13.4	12.02	10.23	11.81
	聚落平均面积（平方千米）	0.0342	0.0319	0.031	0.0305	0.0399
2015	聚落斑块数量（个）	3772	3567	3277	2915	2609
	占总数量的比重（%）	14.1	13.34	12.25	10.9	9.75
	聚落总面积（平方千米）	568.9	619.51	555.22	451.62	445.52
	占区域总面积的比重（%）	13.53	14.73	13.2	10.74	10.59
	聚落平均面积（平方千米）	0.1508	0.1737	0.1694	0.1549	0.1708

7.5.2　交通因素

以 500 米为半径建立研究区交通线（主要是铁路、国道、省道、高速公路）的多级缓冲区，分析不同缓冲区内的聚落分布情况（见表 7－9）。结果显示，随着距交通线距离的增加，聚落斑块总面积和斑块数量逐渐递减，1972 年在 2000 ~ 2500 米范围内聚落斑块面积又有所增加；聚落斑块面积占总体面积的比重，1972 年在 0 ~ 500 米范围所占比重较高，而 2015 年在 1000 ~ 1500 米范围内占研究区域聚落斑块总面积的比重较高，这一分析表明道路对研究区域内的聚落布局仅在一定的范围内存在着较大的影响，聚落分布的道路空间指向性明显。随着交通便捷程度的提高，村村通的修通使村落与村庄对外交流的主要道路之间的联系更为紧密，而高速公路属于封闭式交通，居民多居住在距其一定距离的地方，这使得在 2015 年 1000 ~ 1500 米缓冲范围内聚落斑块面积占比相对较高，且交通线的逐渐密集使各缓冲区内 2015 年聚落斑块数量占比明显高于 1972 年。

表 7 – 9　　不同交通线缓冲区内聚落景观指数变化

年份	指标	0 ~ 500 米	500 ~ 1000 米	1000 ~ 1500 米	1500 ~ 2000 米	2000 ~ 2500 米
1972	聚落斑块数量（个）	2746	2543	2436	2275	2278
	占总数量的比重（%）	7. 50	6. 94	6. 65	6. 21	6. 22
	聚落总面积（平方千米）	126. 87	87. 95	89. 83	78. 81	102. 05
	占区域总面积的比重（%）	10. 69	7. 41	7. 57	6. 64	8. 60
	聚落平均面积（平方千米）	0. 0462	0. 0346	0. 0369	0. 0346	0. 0448
2015	聚落斑块数量（个）	3705	3711	3564	3462	3364
	占总数量的比重（%）	13. 85	13. 87	13. 33	12. 94	12. 58
	聚落总面积（平方千米）	650. 94	618. 55	855. 65	546. 14	555. 00
	占区域总面积的比重（%）	15. 48	14. 71	20. 35	12. 99	13. 20
	聚落平均面积（平方千米）	0. 5018	0. 4736	0. 6311	0. 4831	0. 4922

7.5.3 中心城市发展

随着城镇化进程的加快，城镇发展，尤其是中心城市的发展对地方经济的促进作用和辐射带动作用使其对周围城镇、乡村的吸引力逐渐增强，进而影响聚落的空间布局。在此以开封、周口、商丘3个城市中心城区为中心，以3千米为半径建立缓冲区，作0～15千米的缓冲区，并分析不同缓冲区内聚落分布情况（见表7－10）。结果显示，随着距离增加，不同时点的聚落总面积、聚落平均面积均减小，聚落总面积占比有所下降，而斑块数量、斑块数量占比则有所上升。两个年份聚落斑块随距离变化的总体特征一致，但在不同缓冲区内的变化却有所不同。

表7－10　　中心城市不同范围内聚落景观指数变化

年份	指标	0～3千米	3～6千米	6～9千米	9～12千米	12～15千米
1972	聚落斑块数量（个）	340	483	707	861	927
	占总数量的比重（%）	0.93	1.32	1.93	2.35	2.53
	聚落总面积（平方千米）	53.88	18.07	25.55	26.36	27.28
	占区域总面积的比重（%）	4.54	1.52	2.15	2.22	2.3
	聚落平均面积（平方千米）	1.58	0.37	0.36	0.31	0.29
2015	聚落斑块数量（个）	464	579	683	724	918
	占总数量的比重（%）	1.73	2.16	2.55	2.71	3.43
	聚落总面积（平方千米）	265	99.21	82.18	102.88	104.92
	占区域总面积的比重（%）	6.3	2.36	1.95	2.45	2.49
	聚落平均面积（平方千米）	0.57	0.17	0.12	0.14	0.11

在离中心城区3千米以内的聚落斑块数量、面积均有所增加，研究时段内聚落斑块数量增加了124个、聚落斑块面积增加了211.12平方千米，但2015年平均面积低于1972年，这是由于聚落斑块总面积增大的同时，其数量也有所增加，造成聚落斑块更为破碎，斑块平均面积下降。3~6千米以内聚落斑块数量、面积占比也有所增加，由于城郊工业和现代农业的发展，聚落扩张速度较快。在6千米范围之外，聚落受中心城区发展的辐射影响有所减小，聚落面积占比变化幅度相对较小。这在一定程度上表明城镇化的发展，尤其是中心城区的发展对0~6千米范围内乡村聚落的空间分布变化具有较大影响。

7.6　本章小结

本章通过构建平原农区聚落发展的分析框架，结合研究区聚落发展的实际情况，对区域内聚落变化的影响因素进行探讨，并据此对聚落规模和聚落分布的影响因素展开实证分析，主要结论如下：

（1）聚落变化是一个历经长时期的较为复杂的过程，随着城镇化、工业化、农业现代化的发展，区域内的人口规模、经济发展和交通发展会带来地区聚落的发展变化。第一，研究区县域总人口和聚落斑块面积之间的皮尔逊相关系数由1995年的0.731发展至2015年的0.913，对西华县聚落面积和人口的分析发现随着距县城距离的增加，人均聚落面积逐渐增加。第二，经济发展与聚落规模之间呈现出幂指数函数关系，即年末农村居民人均住房面积随着农村居民人均纯收入的提高和人均 GDP 的增长呈现出幂指数增长的态势，且农村居民人均纯收入的影响相对较高。第三，交通线路发展影响聚落变化，区域内聚落空间分布较多趋向于交通线路两侧或距其较近的地方，区域内聚落斑块的交通依赖程度逐渐增强；不同类型交通线路的影响程度不同，国道、省道、铁路三类交通线路对聚落有较大的空间吸引，且省道对聚落分布的吸引相对更为明显，而高速公路对聚落分布呈现出一定的空间排斥。

（2）对 2015 年乡镇范围内聚落规模变化的回归模型分析结果显示，乡镇社会经济、交通发展、区域基础等是影响乡镇单元内聚落规模变化的重要因素，常住人口数、二三产业从业人员数占比、工业总产值对乡镇单元内聚落面积具有正向的促进作用，且常住人口的影响相对较大，乡镇村道密度、交通线路密度和初期乡镇聚落面积对聚落用地面积扩张会起到减缓作用，但进一步分析发现，乡镇村道密度对工业总产值具有正向影响，期初聚落面积对乡镇常住人口数具有正向影响，可见交通发展和期初聚落发展状况对地区聚落人口和工业总产值的发展起着促进作用。

（3）聚落空间分布的变化是人类与其周围环境相互作用的结果在空间上的直接反映。随着距河流、道路距离的增加，研究区聚落斑块总面积和数量均逐渐递减，且道路对聚落分布仅在一定范围内存在较大影响；同时，距中心城市较近的乡村聚落受中心城区发展辐射影响较大，而城镇化的快速发展使 2015 年中心城市不同缓冲区内聚落斑块规模和数量变化更为明显。

第8章

研究讨论与聚落发展建议

城镇化的发展，对我国城镇发展而言，既是机遇，也是挑战。城市人口的增加，会使得大部分国家进行城市扩张，吸引乡村人口的空间流动和转移，这一过程会对乡村聚落产生较大影响。统计分析发现，我国城镇化人口增量呈现“两端集聚”特征。从第五次全国人口普查到第六次全国人口普查，城镇化增量人口中常住流动人口占到65%左右，这一部分增量人群高度集中在300万人以上的大城市（城镇体系顶端）和基层城镇（城镇体系末端）。其中，6.7亿的城镇人口中，居住在300万人口以上大城市的占到22%，居住在镇和县城的占到40%（镇人口达到1.6亿）（中国城市规划设计研究院上海分院，2017）。第七次全国人口普查数据显示，中国城镇人口达9.02亿，占比达63.89%，但不可忽视的是仍有5亿多人口居住在乡村。

在新型城镇化、新型工业化和农业现代化的过程中，生产要素和人口的空间流动，尤其是在城乡之间的流动会使农村聚落发生巨大变化。随着乡村振兴战略和区域协调发展战略的提出与实施，其对我国乡村地区振兴发展、农业现代化发展、城乡融合发展等均具有深刻且重要的影响。在这样的发展背景下，本书开展了对中国中部平原农区城乡聚落时空格局变化的研究与特征总结，以期为传统农区城乡聚落体系的结构优化和乡村聚落未来的科学发展提供参考和建议。

8.1 研究创新点与讨论

8.1.1 主要创新点

经济发展带来城乡聚落的规模和空间格局变化，城镇化和工业化的快速发展，引起聚落的急剧变化。研究区为我国的传统农区，具有长时期的、持续的人类居住历史，这为研究较长一段时间内的聚落变化提供了条件。同时，豫东平原地区的农业基础和地势条件也使其成为进行聚落演变研究的较为富有代表性的区域之一。

本书对豫东平原地区开封市、商丘市、周口市的城乡聚落规模分布和空间格局变化情况的系统研究，既是对中国中部农区聚落时空格局变化研究的有益补充，同时也是对平原地区聚落发展变化研究的积极探索。通过对该区域聚落发展变化的综合分析，其主要创新点可归纳为以下三个方面：

其一，基于聚落斑块微观视角，从不同尺度展开研究。书中以聚落这一人地关系的基本单元为研究对象，通过聚落斑块提取，将聚落面积数据和人口数据相结合，从中观市域→县域→乡镇 3 个层面沿着聚落规模、空间格局、地区差异、影响因素分析的主线逐步展开书中的研究，关注多尺度下平原农区聚落的发展变化情况。

其二，运用城市规模分布的齐夫定律和乡村聚落规模分布的负指数模型对研究区聚落规模分布进行测度和分析。对近40年研究区聚落规模分布的变化情况进行分析，将描述聚落规模分布的幂指数模型和负指数模型相结合，对研究时段内聚落规模分布的变化特征进行研究。同时，考虑经济发展水平对聚落规模分布的影响，对研究区县域单元的聚落规模分布和变化特征进行进一步的研究。

其三，对聚落面积与人口之间的相关关系进行定量分析。聚落规模和空间格局变化与人口数量密切相关。基于所获取的聚落斑块面积数据和村庄人口数据，对二者之间的相关性进行定量刻画，在此基础上对人均聚落面积的空间变化特征进行研究。

书中对豫东平原地区的开封、商丘、周口城乡聚落时空格局变化进行了一系列较为翔实的分析，可为进一步探讨和明晰传统平原农区聚落的未来发展趋向提供必要的支撑和参考。

8.1.2　研究讨论

在过去较长的历史时期，我国乡村人口众多，聚落是人口聚居的主要形式，早期聚落主要是传统的农居聚落，规模相对较小，且数量较多。城镇化、工业化和农业现代化的发展，使得城镇、乡村聚落均不断发生着变化。聚落未来的发展态势更多的是趋向于聚落规模分布合理、聚落体系优化、不同聚落功能协同发展（见图8-1）。当前，我国聚落发展正处于快速发展时期，对于厘清现阶段聚落发展变化情况为未来聚落的合理化发展至关重要。

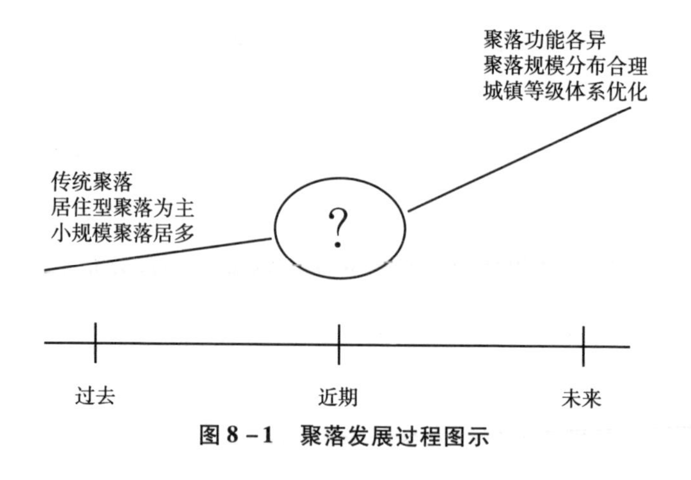

图 8－1　聚落发展过程图示

研究区域内的聚落在 40 余年的发展过程中，聚落规模增加、聚落数量减少的现象是伴随着城镇化与社会经济快速发展而发生的。

其一，聚落规模的扩张既有区域人口增加的因素，同样也有城乡流动人口的增加和社会经济发展等因素的影响。人口的增加会使居民对居住需求和就业需求逐渐增加，农村剩余劳动力大量涌入城镇，助推城镇化发展的同时，也进一步激发城市发展的活力，带来区域经济的发展，并且农村剩余劳动力在城镇集聚、就业和居住对城镇的空间扩张也产生着较大影响，而人均收入的提高和生活水平的改善会促使居民在城镇买房或在农村改建/扩建住房，也带来了乡村聚落规模和空间格局的变化。

其二，造成聚落数量减少的原因之一是随着区域社会经济的快速发展，大城市附近部分村庄被逐渐融合，使得中心城区扩张明显，经济发展的辐射作用也可以带动周边乡镇规模扩张；而部分农村居民由发展状况较差的村落进入发展较好的村镇，促使形成规模较大的中心村镇。同时，随着聚落规模的变化，区域内聚落斑块形状逐渐由狭长或曲折趋向于规则化，聚落斑块形状更为规整。然而，在聚落发展过程中，各县域范围内聚落规模、聚落空间分布模式等变化情况存在着区域差异。

其三，聚落斑块面积和聚落人口是衡量聚落规模大小的两个重要指标，已有研究证实以聚落斑块面积测度聚落规模分布具有一定的合理性，且书中的研究也进一步说明聚落斑块面积和聚落人口之间密切相关，二者相互联系，相互影响。

此外，聚落景观格局和聚落空间分布的变化在一定程度上反映着区域社会、经济、人文的发展状况，且受到多种因素的综合影响，诸如，城市化的发展会改变周边农村原有的地理位置功能以及环境条件，进而影响农户的居住空间再选择（李小建，2009；梁会民和赵军，2001），地区经济发展可为聚落空间扩张、聚落形态变化提供必要的经济基础（刘玉等，2009；谭雪兰等，2016），政府相关政策的实施可对地区聚落规模的合理化发展提供必要的政策导向（李红波等，2015；赵西宇等，2016），等等。

豫东平原地区作为我国农产品主产区，聚落规模的扩张，尤其是迁出的聚落并没有恢复为耕地，对有限的耕地资源造成一定的影响，应借鉴相关对“空心村”现象的研究（程连生等，2001；Liu et al，2010；杨忍等，2012；Long，2014），通过集约利用土地，协调聚落规模与耕地之间的关系。与此同时，中国作为一个大国，地域辽阔，人口众多，粮食生产在国家安全中具有重要的地位（吴撼地，2015），农村地区依旧是我国粮食生产不可替代的源地，在聚落发展过程中，更应重视乡村聚落规模增长和有限耕地资源之间的关系。城市与乡村是命运共同体，二者是相辅相成的，在经济和社会发展中不可偏废其一（Liu and Li，2017），在乡村振兴发展的前提下，契合乡村振兴的总要求，注重城乡的融合发展（郑风田，2017）。

目前，我国正处于城镇化深入发展的关键时期，城镇化的推进对全面建成小康社会、加快社会主义现代化建设具有重大的现实意义和深远历史意义（赵丽平等，2016；张占斌，2013）。快速的城镇化发展，在极大程度上促进了城镇发展，也引起乡村聚落的巨大变化（李小建和杨慧敏，2017）。我国乡村聚落在发展过程中，更多的是依托于自然资源环境而逐渐发展起来的，聚落初始区位对自然环境和资源具有较强的依赖性，随着社会经济的发展和技术的进步，人们对环境的开发和利用能力不断提高，自然条件的约束逐渐减弱，而基础设施、交通运输、对外交流便捷程度等的提高更多地影响着现阶段聚落的发展。这对于既是平原地区、又是传统农区的聚落而言，更应注重不同型式聚落的发展（见图 8－2），规模粮作村、专业化农业村、旅游专业村、居住型村落等均可作为未来聚落发展的可能型式而加以引导和发展，以期逐步推进乡村振兴，缩小城乡发展差异，稳步推进城乡融合发展。

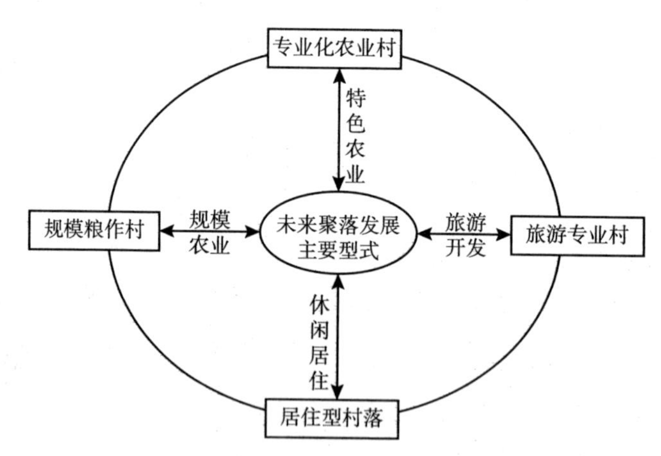

图 8－2　未来聚落发展的四种型式

注：据李小建和杨慧敏（2017）绘制，作者整理。

8.2　聚落发展建议

聚落的形成与发展具有其独特性，长时期的聚落格局是人地关系长期相互作用的结果，而聚落规模的快速扩张则受到城镇化、工业化发展的影响。在快速城镇化过程中，应结合地区发展现状，因地制宜，合理调整和优化聚落规模和空间布局。结合以上研究可对区域聚落发展提出相关建议：

（1）发挥城镇聚落的引领作用，带动乡村聚落规模发展。聚落体系是一个动态的发展变化系统。区域城镇聚落、乡村聚落并存，二者相互影响，但在规模大小方面存在显著差异。在城镇化进程中，研究区聚落规模不断扩大，城镇聚落位序—规模分布的齐夫指数有所提高，但整体上城镇聚落规模仍有上升空间。鉴于研究区域内聚落规模分布已经呈现出由乡村聚落向城镇聚落引领型转变的发展态势，未来的城镇化进程应强化中心城市综合职能，以中心城市发展带动周边小城镇和乡村聚落发展。同时，采取移拆部分衰落聚落、扩大部分重点聚落、新建部分新型聚落等方式，调整优化聚落规模等级结构。同时，应注重聚落发展的多样性，也应逐步明确，聚落规模并不一定是越大越好，且城镇聚落和乡村聚落规模在空间上的一味扩张，不仅会造成土地资源的浪费，也会在一定程度上侵占有限的耕地资源，而有限的耕地资源对于农产品主产区的粮食生产，甚至于我国的粮食安全而言至关重要。因此，在地区发展过程中，应当逐步建立大小不同、功能不同、结构合理的城镇和村落体系，以城带乡，以乡带村，增强城市辐射带动农村的能力，有序引导聚落等级体系的合理发展，稳步推进以人为本的城镇化建设。

（2）注重城乡协调发展，有序引导乡村聚落发展，培育形成不同类型的聚落。平原农区乡村聚落数量较多，散布于区域内的29107平方千米范围内，城镇发展过程中，应加大对乡村聚落发展的关注，引导乡村有序、优质、集约发展。同时，任一区域均有其区别于其他地区的独特之处，或自然资源丰富，或生态环境优美，或区位交通便利，或产业发展良好，等等，故此，聚落发展应结合地区社会经济、自然资源、产业发展、政策制度等环境条件，合理规划，逐渐发展形成类型有别、功能各异、规模适宜的聚落。譬如，对于靠近中心城市或交通沿线的具有一定产业基础的大型聚落，可以通过政策支持和规划引导使其逐步向小镇转变。对于农村人口大量聚集的乡村聚落而言，在新型城镇化和特色小镇发展建设过程中，通过培育不同型式的聚落，注重协调不同类型聚落之间的关系，加强资源要素的空间流动，逐步促进城乡融合发展，以期更好地满足人口居住需求和地区的社会经济发展。

（3）注重城乡融合发展，缩小城乡发展差异，推动乡村振兴。“突出特色”是特色村镇建设的基本原则。党的十九大报告首次提出了乡村振兴战略，并明确提出实施乡村振兴战略的总体要求。对于传统农区的聚落发展而言，应把握这一发展机遇，在聚落发展过程中，结合特色小镇、特色乡镇培育和建设的要求，以乡镇发展带动村落发展，从城乡协调的视角出发，把城镇聚落和乡村聚落作为整体进行统筹规划。同时，也应注重耕地保护，保障粮食生产。在政府的规划和引导下，构建区域核心产业，发挥区域资源的比较优势，在重视城镇发展的同时，释放乡村地区的发展优势，以政策为引导，以产业为支撑，激发村镇发展的活力，循序渐进，逐步推动城乡一体化发展，促进城乡融合发展。

8.3　进一步地研究

本书中主要是基于豫东平原地区开封、商丘、周口聚落面积数据和调研获取的人口数据进行分析，在得到一些研究结论的同时，也应注意到，存在部分不足之处，在后续的研究工作中有待于进一步加强。

一方面，当前我国正处于城镇化快速发展时期，新型城镇化建设稳步推进，而在城镇化发展的不同阶段，聚落发展类型、聚落发展程度、聚落发展的影响机制等方面的发展变化会有所差异。因此，结合城镇化进程更为详尽地分析不同阶段聚落规模和空间格局的发展变化将会是后续研究的重点。

另一方面，对于聚落变化的社会因素、经济发展因素、区域基础等内部因素和外部因素深层次原因的探析，由于资料所限，在此并未进行研究时段聚落面板数据的回归模型分析，这既是研究的难点，也是后续研究的重要关注点之一。

附表　研究区部分县域不同等级聚落斑块到县/区的空间邻近距离统计指标

地区	年份	指标	Ⅰ（大）	Ⅱ（较大）	Ⅲ（中等）	Ⅳ（较小）	Ⅴ（小）
西华县	1972	聚落数量（个）	20	99	324	401	265
		平均邻近距离（米）	15846.71	16539.93	14246.69	12303.67	12364.13
		邻近距离标准差	11092.82	10479.68	8209.59	6422.83	7812.02
	1995	聚落数量（个）	16	68	252	386	448
		平均邻近距离（米）	18672.02	16325.55	13515.83	11492.32	12039.35
		邻近距离标准差	12471.40	9947.10	8328.27	6402.05	6530.89
	2015	聚落数量（个）	18	51	180	323	354
		平均邻近距离（米）	13635.18	13142.02	12991.45	10586.03	10156.97
		邻近距离标准差	11496.24	9271.13	9502.87	6944.20	6454.63
郸城县	1972	聚落数量（个）	5	56	388	893	888
		平均邻近距离（米）	14386.35	13941.22	14176.80	16172.90	17886.23
		邻近距离标准差	10140.43	8127.72	8434.66	8382.59	8599.34
	1995	聚落数量（个）	5	32	250	793	1213
		平均邻近距离（米）	17999.78	13391.84	14079.57	15420.44	15955.82
		邻近距离标准差	10544.34	7976.82	8059.83	7972.28	8798.84
	2015	聚落数量（个）	11	49	301	675	801
		平均邻近距离（米）	11662.37	13152.41	12354.76	13402.35	15182.46
		邻近距离标准差	8894.82	8252.05	8626.72	7903.70	8676.07

续表

地区	年份	指标	Ⅰ（大）	Ⅱ（较大）	Ⅲ（中等）	Ⅳ（较小）	Ⅴ（小）
扶沟县	1972	聚落数量（个）	33	140	314	314	151
		平均邻近距离（米）	18123.00	14477.86	13064.44	11670.74	10236.23
		邻近距离标准差	7614.46	6629.94	6175.23	6440.94	7046.50
	1995	聚落数量（个）	12	90	228	284	327
		平均邻近距离（米）	16419.52	14723.94	13091.76	11803.69	10761.26
		邻近距离标准差	7076.42	6506.98	6708.42	6655.81	6869.83
	2015	聚落数量（个）	12	65	219	230	129
		平均邻近距离（米）	9581.36	11472.20	10594.84	9598.67	8296.43
		邻近距离标准差	6065.98	6118.70	5402.11	5609.33	6136.60
兰考县	1972	聚落数量（个）	70	159	187	187	134
		平均邻近距离（米）	14935.07	17141.48	18442.31	18442.23	18915.69
		邻近距离标准差	9604.39	9597.01	10289.00	11043.32	12234.02
	1995	聚落数量（个）	31	118	195	181	246
		平均邻近距离（米）	16335.39	17451.29	17739.03	17316.61	16688.63
		邻近距离标准差	9373.43	9632.69	9790.34	10757.08	11446.49
	2015	聚落数量（个）	9	48	129	158	198
		平均邻近距离（米）	16325.31	17739.18	15945.46	16781.19	16976.72
		邻近距离标准差	9203.28	10114.91	9556.10	10439.64	11453.56
尉氏县	1972	聚落数量（个）	97	267	296	194	63
		平均邻近距离（米）	14450.79	14407.32	13478.33	13300.82	12499.15
		邻近距离标准差	6368.98	6560.37	7020.16	6675.32	7047.32
	1995	聚落数量（个）	36	160	234	205	175
		平均邻近距离（米）	13629.63	12803.55	13714.76	13791.73	13444.94
		邻近距离标准差	6055.64	5842.26	6847.56	6702.64	7179.64
	2015	聚落数量（个）	9	46	188	209	213
		平均邻近距离（米）	11864.14	11030.31	12043.36	11691.35	11345.53
		邻近距离标准差	5590.23	6804.68	5816.91	6575.42	6432.36

续表

地区	年份	指标	Ⅰ（大）	Ⅱ（较大）	Ⅲ（中等）	Ⅳ（较小）	Ⅴ（小）
宁陵县	1972	聚落数量（个）	15	59	231	361	363
		平均邻近距离（米）	14753.88	10995.47	10384.30	9625.88	10883.47
		邻近距离标准差	5046.25	5381.85	4996.55	5239.76	5546.88
	1995	聚落数量（个）	33	145	274	235	196
		平均邻近距离（米）	11607.75	11149.17	9946.00	9344.59	10810.64
		邻近距离标准差	4509.78	5464.04	5262.74	5389.33	5767.12
	2015	聚落数量（个）	21	55	200	254	215
		平均邻近距离（米）	10186.60	10380.65	8592.37	8954.87	8797.14
		邻近距离标准差	4502.10	4999.86	5150.34	5298.74	5353.89
夏邑县	1972	聚落数量（个）	14	32	191	674	1819
		平均邻近距离（米）	14099.57	14816.76	14733.99	13968.29	14080.56
		邻近距离标准差	6930.06	5662.13	5831.75	6512.38	6770.91
	1995	聚落数量（个）	15	54	348	778	1197
		平均邻近距离（米）	14586.65	16221.21	13914.49	13320.03	12876.87
		邻近距离标准差	6261.74	6185.88	5869.64	6455.34	6643.40
	2015	聚落数量（个）	13	70	370	656	823
		平均邻近距离（米）	13929.23	12890.20	12656.29	12350.67	12053.79
		邻近距离标准差	5933.23	4859.99	6309.48	6535.88	6763.73

参考文献

[1] 白吕纳. 人地学原理 [M]. 任美锷, 李旭旦, 译. 南京: 钟山书局, 1935.

[2] 布雷克曼, 盖瑞森, 马勒惠克. 地理经济学 [M]. 西南财经大学文献中心翻译部, 译. 成都: 西南财经大学出版社, 2004.

[3] 曹云龙, 刘茂松, 徐驰. 城市化过程中聚落规模与路网密度的动态变化 [J]. 生态学杂志, 2011, 30 (6): 1204 - 1209.

[4] 陈诚, 金志丰. 经济发达地区乡村聚落用地模式演变——以无锡市惠山区为例 [J]. 地理研究, 2015, 34 (11): 2155 - 2164.

[5] 陈强. 高级计量经济学及 Stata 应用 [M]. 北京: 高等教育出版社, 2014: 192 - 211.

[6] 陈彦光. 分形城市系统: 标度、对称和空间复杂性 [M]. 北京: 科学出版社, 2008.

[7] 陈彦光. 简单、复杂与地理分布模型的选择 [J]. 地理科学进展, 2015, 34 (3): 321 - 329.

[8] 陈永林, 谢炳庚, 李晓青, 等. 长株潭地区聚落空间演化及其与耕地的空间关系研究 [J]. 人文地理, 2015, 30 (6): 106 - 112.

［9］陈永林，谢炳庚．江南丘陵区乡村聚落空间演化及重构——以赣南地区为例［J］．地理研究，2016，35（1）：184－194.

［10］陈宗兴，陈晓键．乡村聚落地理研究的国外动态与国内趋势［J］．世界地理研究，1994（1）：72－79.

［11］程连生，冯文勇，蒋立宏．太原盆地东南部农村聚落空心化机理分析［J］．地理学报，2001，56（4）：437－446.

［12］崔功豪，魏清泉，陈宗兴．区域分析与规划［M］．北京：高等教育出版社，1999：27－234.

［13］崔庆明，和琳珊，徐红罡．遗产旅游动机的核心—边缘结构研究——以丽江为例［J］．旅游学刊，2016，31（10）：84－93.

［14］党国峰，杨玉霞，张晖．基于Voronoi图的居民点空间分布特征研究——以甘肃省为例［J］．资源开发与市场，2010，26（4）：302－305.

［15］樊杰．“人地关系地域系统”是综合研究地理格局形成与演变规律的理论基石［J］．地理学报，2018，73（4）：597－607.

［16］冯应斌，龙花楼．中国山区乡村聚落空间重构研究进展与展望［J］．地理科学进展，2020，39（5）：866－879.

［17］冯章献．东北地区中心地结构与扩散域研究［D］．长春：东北师范大学，2010.

［18］高鸿鹰，武康平．集聚效应、集聚效率与城市规模分布变化［J］．统计研究，2007（3）：43－47.

[19] 高珊，张小林．江苏省县域城镇规模变动研究 [J]．地理与地理信息科学，2005，21 (5)：64 - 67.

[20] 郭荣朝，宋双华，夏保林，等．周口市域城镇空间结构优化研究 [J]．地理科学，2013，33 (11)：1347 - 1353.

[21] 郭文炯．“资源诅咒”的空间结构解析——核心边缘理论视角 [J]．经济地理，2014，34 (3)：17 - 23.

[22] 郭晓东，马利邦，张启媛．基于 GIS 的秦安县乡村聚落空间演变特征及其驱动机制研究 [J]．经济地理，2012，32 (7)：56 - 62.

[23] 郭晓东，马利邦，张启媛．陇中黄土丘陵区乡村聚落空间分布特征及其基本类型分析——以甘肃省秦安县为例 [J]．地理科学，2013，33 (1)：45 - 51.

[24] 郭晓东，牛叔文，李永华，等．陇中黄土丘陵区乡村聚落时空演变的模拟分析——以甘肃省秦安县为例 [J]．山地学报，2009，27 (3)：293 - 299.

[25] 郭晓东，牛叔文，刘正广，等．陇中黄土丘陵区乡村聚落发展及其空间扩展特征研究——以甘肃省秦安县为例 [J]．干旱区资源与环境，2008，22 (12)：17 - 23.

[26] 郭晓东，牛叔文，吴文恒，等．陇中黄土丘陵区乡村聚落空间分布特征及其影响因素分析——以甘肃省秦安县为例 [J]．干旱区资源与环境，2010，24 (9)：27 - 32.

[27] 郭炎，唐鑫磊，陈昆仑，等．武汉市乡村聚落空间重构的特征与影响因素 [J]．经济地理，2018，38 (10)：180 - 189.

[28] 海贝贝，李小建 ，许家伟．巩义市农村居民点空间格局

演变及其影响因素［J］. 地理研究，2013，32（12）：2257－2269.

［29］侯志华，刘敏，樊晓霞，等. 汾河流域城乡聚落体系发展潜能测度及空间模式探究［J］. 地理科学，2020，40（12）：1978－1989.

［30］黄丹奎，孙伟，陈雯，等. 基于多时相遥感数据的村镇聚落格局演化及机理研究——以江苏省为例［J］. 长江流域资源与环境，2021，30（10）：2405－2416.

［31］黄万状，石培基. 河湟地区乡村聚落位序累积规模模型的实证研究［J］. 地理学报，2021，76（6）：1489－1503.

［32］黄亚平，郑有旭. 江汉平原乡村聚落形态类型及空间体系特征［J］. 地理科学，2021，41（1）：121－128.

［33］黄忠怀. 从聚落到村落：明清华北新兴村落的生长过程［J］. 河北学刊，2005，25（1）：199－206.

［34］霍仁龙，杨煜达，满志敏. 云南省掌鸠河流域近300年来聚落空间演变［J］. 地理研究，2016，35（9）：1647－1658.

［35］贾苏尔·阿布拉，王竹，钱振澜，等. 南疆沙漠绿洲传统聚落对自然地理环境的适应性［J］. 经济地理，2021，41（3）：170－183.

［36］江章华. 成都平原先秦聚落变迁分析［J］. 考古，2015，571（4）：67－68.

［37］姜广辉，张凤荣，陈军伟，等. 基于Logistic回归模型的北京山区农村居民点变化的驱动力分析［J］. 农业工程学报，2007，23（5）：81－87.

［38］金其铭，董昕，张小林. 乡村地理学/人文地理学丛书

[M]. 南京：江苏教育出版社，1990.

[39] 金其铭，杨山，杨雷. 人地关系论 [M]. 南京：江苏教育出版社，1993.

[40] 金其铭. 聚落地理 [M]. 南京：南京师范大学出版社，1984.

[41] 金其铭. 农村聚落地理 [M]. 北京：科学出版社，1988.

[42] 金其铭. 农村聚落地理研究——以江苏省为例 [J]. 地理研究，1982，1 (3)：11－20.

[43] 金其铭. 我国农村聚落地理研究历史及近今趋向 [J]. 地理学报，1988，43 (4)：311－317.

[44] 金其铭. 中国农村聚落地理 [M]. 南京：江苏科学技术出版社，1989.

[45] 康璟瑶，章锦河，胡欢，等. 中国传统村落空间分布特征分析 [J]. 地理科学进展，2016，37 (7)：839－850.

[46] 克里斯泰勒. 德国南部中心地原理 [M]. 常正文，王兴中，等译. 北京：商务印书馆，2016.

[47] 李爱民. 中国半城镇化研究 [J]. 人口研究，2013，37 (4)：80－91.

[48] 李冬梅，王冬艳，李红，等. 吉中低山丘陵区农村居民点时空演变 [J]. 经济地理，2016，36 (5)：143－151.

[49] 李海燕，宋钰红，张东强. 新型城镇化进程中山地聚落功能转型与空间重构 [J]. 小城镇建设，2014 (3)：64－68.

[50] 李贺颖，王艳慧. 贫困县村级居民点空间分布离散度与农村居民纯收入关联格局分析 [J]. 地理研究，2014，33 (9)：

1617－1628.

[51] 李红波，张小林，吴启焰，等．发达地区乡村聚落空间重构的特征与机理研究——以苏南为例 [J]．自然资源学报，2015，30 (4)：591－603.

[52] 李红波，张小林．国外乡村聚落地理研究进展及近今趋势 [J]．人文地理，2012，27 (4)：103－108.

[53] 李君，武友德，张磊，等．社会经济因素对乡村聚落区位影响的适宜性评价分析——以云南环洱海地区为例 [J]．经济地理，2016，36 (8)：195－201.

[54] 李骞国，石培基，刘春芳，等．黄土丘陵区乡村聚落时空演变特征及格局优化——以七里河区为例 [J]．经济地理，2015，35 (1)：126－133.

[55] 李全林，马晓冬，沈一．苏北地区乡村聚落的空间格局 [J]．地理研究，2012，31 (1)：144－154.

[56] 李小建，等．农户地理论 [M]．北京：科学出版社，2009.

[57] 李小建，胡雪瑶，史焱文，等．乡村振兴下的聚落研究——来自经济地理学视角 [J]．地理科学进展，2021，40 (1)：3－14.

[58] 李小建，许家伟，海贝贝．县域聚落空间分布格局演变分析——基于 1929～2013 年河南巩义的实证研究 [J]．地理学报，2015，70 (12)：1870－1883.

[59] 李小建，杨慧敏．乡村聚落变化及发展型式展望 [J]．经济地理，2017，37 (12)：1－8.

[60] 李小建，等．欠发达区乡村聚落空间演变 [M]．北京：

科学出版社，2019.

［61］李小建．还原论与农户地理研究［J］．地理研究，2010，29（5）：767－777.

［62］李小建．经济地理学［M］．北京：高等教育出版社，2006.

［63］李小云，杨宇，刘毅．中国人地关系的历史演变过程及影响机制［J］．地理研究，2018，37（8）：1495－1514.

［64］李小云，杨宇，刘毅．中国人地关系演进及其资源环境基础研究进展［J］．地理学报，2016，71（12）：2067－2088.

［65］李阳兵，李潇然，张恒，等．基于聚落演变的岩溶山地聚落体系空间结构整合——以后寨河地区为例［J］．地理科学，2016，36（10）：1505－1513.

［66］李阳兵，刘亚香，罗光杰．贵州中部峰丛洼地区乡村聚落演化多元路径研究——以普定后寨河聚落为例［J］．自然资源学报，2018，33（1）：99－113.

［67］李阳兵，罗光杰，邵景安，等．岩溶山地聚落人口空间分布与演化模式［J］．地理学报，2012，67（12）：1666－1674.

［68］李瑛，陈宗兴．陕南乡村聚落体系的空间分析［J］．人文地理，1994，9（3）：13－21.

［69］李智，张小林，李红波，等．江苏典型县域城乡聚落规模体系的演化路径及驱动机制［J］．地理学报，2018，73（12）：128－144.

［70］李智，张小林，李红波．县域城乡聚落规模体系的演化特征及驱动机理——以江苏省张家港市为例［J］．自然资源学报，

2019, 34 (1): 140 – 152.

[71] 梁发超, 刘诗苑, 刘黎明. 基于“居住场势”理论的乡村聚落景观空间重构——以厦门市灌口镇为例 [J]. 经济地理, 2017, 37 (3): 193 – 200.

[72] 梁会民, 赵军. 基于 GIS 的黄土塬区居民点空间分布研究 [J]. 人文地理, 2001, 16 (6): 81 – 83.

[73] 梁帅, 高峻. 上海滨海地区乡村聚落与河流要素耦合分析 [J]. 上海师范大学学报: 自然科学版, 2010, 39 (6): 636 – 643.

[74] 林金萍, 雷军, 吴世新, 等. 新疆绿洲乡村聚落空间分布特征及其影响因素 [J]. 地理研究, 2020, 39 (5): 1182 – 1199.

[75] 刘建生, 郧文聚, 赵小敏, 等. 农村居民点重构典型模式对比研究——基于浙江省吴兴区的案例 [J]. 中国土地科学, 2013, 27 (2): 46 – 53.

[76] 刘盛和, 吴传钧, 沈洪泉. 基于 GIS 的北京城市土地利用扩展模式 [J]. 地理学报, 2000, 55 (4): 407 – 416.

[77] 刘彦随, 吴传钧, 鲁奇. 21 世纪中国农业与农村可持续发展方向和策略 [J]. 地理科学, 2002, 21 (4): 385 – 389.

[78] 刘彦随. 中国东部沿海地区乡村转型发展与新农村建设 [J]. 地理学报, 2007, 62 (6): 563 – 570.

[79] 刘玉, 冯健, 孙楠. 快速城市化背景下城乡接合部发展特征与机制——以北京海淀区为例 [J]. 地理研究, 2009, 28 (2): 499 – 512.

[80] 刘志林，丁银平，角媛梅，等. 中国西南少数民族聚居区聚落分布的空间格局特征与主控因子分析——以哈尼梯田区为例 [J]. 地理科学进展，2021，40 (2)：257-271.

[81] 龙花楼，李裕瑞，刘彦随. 中国空心化村庄演化特征及其动力机制 [J]. 地理学报，2009，64 (10)：1203-1213.

[82] 龙花楼，刘彦随，邹健. 中国东部沿海地区乡村发展类型及其乡村性评价 [J]. 地理学报，2009，64 (4)：426-434.

[83] 娄帆，李小建，陈晓燕. 平原和山区县域聚落空间演变对比分析——以河南省延津县和宝丰县为例 [J]. 经济地理，2017，37 (4)：158-166.

[84] 鲁思敏，张莉. 1759—1949年天山北麓中部聚落空间演变及其影响因素 [J]. 资源科学，2021，43 (5)：954-963.

[85] 鲁西奇，韩轲轲. 散村的形成及其演变——以江汉平原腹地的乡村聚落形态及其演变为中心 [J]. 中国历史地理论丛，2011，26 (4)：77-91.

[86] 陆玉麒，董平. 明清时期太湖流域的中心地结构 [J]. 地理学报，2005，60 (4)：587-596.

[87] 陆玉麒，俞勇军. 区域双核结构模式的数学推导 [J]. 地理学报，2003，58 (3)：406-414.

[88] 陆玉麒，袁林旺，钟业喜. 中心地等级体系的演化模型 [J]. 中国科学：地球科学，2011，41 (8)：1160-1171.

[89] 吕敏娟，郭文炯. 资源型区域乡村聚落规模结构及空间分异动态 [J]. 经济地理，2016，36 (12)：126-134.

[90] 罗光杰，李阳兵，王世杰，等. 自然保护区聚落空间格

局与演变的梯度效应——以贵州茂兰为例 [J]. 自然资源学报, 2012, 27 (8): 1327 - 1339.

[91] 罗光杰, 李阳兵, 王世杰. 岩溶山区聚落格局演变等级效应及其与交通条件的关系——以贵州省后寨河、王家寨、茂兰地区为例 [J]. 中国岩溶, 2011, 30 (3): 320 - 326.

[92] 罗庆, 杨慧敏, 李小建. 快速城镇化下欠发达平原农区的聚落规模变化 [J]. 经济地理, 2018, 38 (10): 170 - 179.

[93] 罗雅丽, 张常新, 刘卫东, 等. 镇村空间结构重构相关理论研究述评 [J]. 地域研究与开发, 2015, 34 (4): 48 - 53.

[94] 马恩朴, 李同昇, 卫倩茹. 中国半城市化地区乡村聚落空间格局演化机制探索——以西安市南郊大学城康杜村为例 [J]. 地理科学进展, 2016, 35 (7): 816 - 828.

[95] 马利邦, 范昊, 石培基, 等. 陇中黄土丘陵区乡村聚落空间格局——以天水市为例 [J]. 生态学杂志, 2015, 34 (11): 3158 - 3165.

[96] 马晓冬, 李全林, 沈一. 江苏省乡村聚落的形态分异及地域类型 [J]. 地理学报, 2012, 67 (4): 516 - 525.

[97] 闵婕, 杨庆媛, 唐璇. 三峡库区农村居民点空间格局演变——以库区重要区万州为例 [J]. 经济地理, 2016, 36 (2): 149 - 158.

[98] 人民日报. 乡村振兴, 决胜全面小康的重大部署——专访农业部部长韩长赋 [N/OL]. (2017 - 11 - 16) [2017 - 12 - 12]. 人民网—人民日报, http: //www. gov. cn/zhengce/2017-11/16/content_5240038. htm.

[99] 任慧子，曹小曙，李丹．传承性视角下乡村聚落历史时空格局特征及演化研究——以广东省连州市为例 [J]．人文地理，2012，27 (2)：87 –91.

[100] 任平，洪步庭，刘寅，等．基于 RS 与 GIS 的农村居民点空间变化特征与景观格局影响研究 [J]．生态学报，2014，34 (12)：3331 –3340.

[101] 沈体雁，等．空间计量经济学 [M]．北京：北京大学出版社，2010：38 –43.

[102] 师满江，颉耀文，曹琦．干旱区绿洲农村居民点景观格局演变及机制分析 [J]．地理研究，2016，35 (4)：692 –702.

[103] 施坚雅．中国农村的市场和社会结构 [M]．北京：中国社会科学出版社，1998.

[104] 史春云，张捷，尤海梅，等．四川省旅游区域核心—边缘空间格局演变 [J]．地理学报，2007，62 (6)：631 –639.

[105] 史焱文．传统农区工业化进程中乡村聚落空间演变研究——以河南省新乡县、长垣县为例 [D]．开封：河南大学，2016.

[106] 斯琴朝克图，房艳刚，乌兰图雅．内蒙古农牧交错带聚落的格局特征及其形成过程研究 [J]．干旱区资源与环境，2016，30 (8)：75 –80.

[107] 宋伟，程叶青，林丹，等．快速城镇化背景下乡村居民点时空演变及其驱动因素——以海口市为例 [J]．经济地理，2020，40 (10)：183 –190.

[108] 宋晓英，李仁杰，傅学庆，等．基于 GIS 的蔚县乡村聚

落空间格局优化与驱动机制分析. 人文地理, 2015, 30 (3): 79 - 84.

[109] 苏都尔, 那顺达来, 东方杰, 等. 1635—2019 年通辽地区聚落变迁研究 [J]. 地理科学, 2021, 41 (11): 2011 - 2020.

[110] 孙贵艳, 王传胜, 肖磊, 等. 黄土高原地区宁夏西吉县乡村聚落空间变化及其影响因素 [J]. 中国科学院大学学报, 2015, 32 (5): 612 - 619.

[111] 孙军涛, 牛俊杰, 张侃侃, 等. 山西省传统村落空间分布格局及影响因素研究 [J]. 人文地理, 2017, 32 (3): 102 - 107.

[112] 谈明洪, 吕昌河. 以建成区面积表征的中国城市规模分布 [J]. 地理学报, 2003, 58 (2): 285 - 293.

[113] 覃瑜, 师学义. 利用 Voronoi 图的城乡居民点布局优化研究 [J]. 测绘科学, 2012, 37 (1): 136 - 138, 150.

[114] 谭雪兰, 张炎思, 谭洁, 等. 江南丘陵区农村居民点空间演变及影响因素研究——以长沙市为例 [J]. 人文地理, 2016, 31 (1): 89 - 93, 139.

[115] 谭雪兰, 周国华, 朱苏晖, 等. 长沙市农村居民点景观格局变化及地域分异特征研究 [J]. 地理科学, 2015, 35 (2): 203 - 209.

[116] 唐为. 中国城市规模分布体系过于扁平化吗 [J]. 世界经济文汇, 2016 (1): 36 - 51.

[117] 陶婷婷, 杨洛君, 马浩之, 等. 中国农村聚落的空间格局及其宏观影响因子 [J]. 生态学杂志, 2017, 36 (5): 1357 -

1363.

[118] 屠爽爽，龙花楼．乡村聚落空间重构的理论解析 [J]．地理科学，2020，40 (4)：509 - 517.

[119] 汪宇明．核心—边缘理论在区域旅游规划中的运用 [J]．经济地理，2002，22 (3)：372 - 375.

[120] 王杰瑜．明代山西北部聚落变迁 [J]．中国历史地理论丛，2006，20 (1)：113 - 124.

[121] 王介勇，刘彦随，陈玉福．黄淮海平原农区典型村庄用地扩展及其动力机制 [J]．地理研究，2010，29 (10)：1833 - 1840.

[122] 王林，曾坚．鲁西南地区村镇聚落空间分异特征及类型划分——以菏泽市为例 [J]．地理研究，2021，40 (8)：2235 - 2251.

[123] 王天宇，惠怡安，芮盼盼，等．基于 Alpha Shape 算法的分散式乡村聚落形状划分及其形成研究——以米脂县龙镇为例 [J]．干旱区地理，2022，45 (3)：946 - 954.

[124] 王心源，范湘涛，邵芸，等．基于雷达卫星图像的黄淮海平原城镇体系空间结构研究 [J]．地理科学，2001，14 (1)：57 - 63.

[125] 王新歌，席建超，孔钦钦．“实心”与“空心”：旅游地乡村聚落土地利用空间“极化”研究 [J]．自然资源学报，2016，31 (1)：90 - 101.

[126] 王勇，李广斌．苏南乡村聚落功能三次转型及其空间形态重构——以苏州为例 [J]．城市规划，2011，35 (7)：54 - 60.

[127] 卫春江，朱纪广，李小建，等．传统农区村落位序—规模法则的实证研究——以周口市为例 [J]．经济地理，2017，37 (3)：158 – 165.

[128] 魏后凯．中国城镇化进程中两极化倾向与规模格局重构 [J]．中国工业经济，2014 (3)：18 – 30.

[129] 邬建国．景观生态学——格局、过程、尺度与等级（第二版）[M]．北京：高等教育出版社，2007.

[130] 吴传钧．论地理学的研究核心——人地关系地域系统 [J]．经济地理，1991，11 (3)：1 – 9.

[131] 吴传钧．人地关系与经济布局 [M]．北京：学苑出版社，1998.

[132] 吴撼地．调整农业结构决不能减少粮食生产 [N/OL]．(2015 – 08 – 13) [2017-10-22]．人民日报，http：//opinion. people. com. cn/n/2015/0813/c1003 – 27455768. html.

[133] 吴江国，张小林，冀亚哲，等．县域尺度下交通对乡村聚落景观格局的影响研究——以宿州市埇桥区为例 [J]．人文地理，2013，28 (1)：110 – 115.

[134] 吴江国，张小林，冀亚哲．苏南和皖北平原地区乡村聚落分形特征对比分析——以镇江丹阳市和宿州埇桥区为例 [J]．长江流域资源与环境，2014，23 (2)：161 – 169.

[135] 吴玉鸣，李建霞．中国区域工业全要素生产率的空间计量经济分析 [J]．地理科学，2006，26 (4)：385 – 391.

[136] 席建超，王首琨，张瑞英．旅游乡村聚落“生产—生活—生态”空间重构与优化——河北野三坡旅游区苟各庄村的案例

实证［J］. 自然资源学报，2016，31（3）：425－435.

［137］席建超，王新歌，孔钦钦，等．从传统乡村聚落到现代滨海旅游度假区——过去20年大连金石滩旅游度假区土地利用动态演变［J］. 人文地理，2016，31（1）：130－139.

［138］肖磊，黄金川，孙贵艳．京津冀都市圈城镇体系演化时空特征［J］. 地理科学进展，2011，30（2）：215－223.

［139］新华社．中共中央　国务院关于实施乡村振兴战略的意见［R/OL］.（2018－02－04）［2018－03－21］. http：//www. gov. cn/zhengce/2018－02/04/content_5263807. htm.

［140］新华社．中共中央　国务院印发《乡村振兴战略规划（2018—2022年）》［R/OL］.（2018b－09－26）［2018－09－29］. http：//www. gov. cn/zhengce/2018－09/26/content_5325534. htm.

［141］邢谷锐，徐逸伦，郑颖．城市化进程中乡村聚落空间演变的类型与特征［J］. 经济地理，2007，27（6）：932－935.

［142］徐雪仁，万庆．洪泛平原农村居民地空间分布特征定量研究及应用探讨［J］. 地理研究，1997，16（3）：47－54.

［143］许学强，周一星，宁越敏．城市地理学（第二版）［M］. 北京：高等教育出版社，2009.

［144］杨果．宋元时期江汉—洞庭平原聚落的变迁及其环境因素［J］. 长江流域资源与环境，2005，14（6）：675－678.

［145］杨慧敏，娄帆，李小建，等．豫东平原聚落景观格局变化［J］. 生态学报，2017，37（16）：5313－5323.

［146］杨凯悦，宋永永，薛东前．黄土高原乡村聚落用地时空演变与影响因素［J］. 资源科学，2020，42（7）：1311－1324.

[147] 杨忍，刘彦随，陈秧分. 中国农村空心化综合测度与分区 [J]. 地理研究，2012，31 (9)：1697 – 1706.

[148] 杨忍，刘彦随，龙花楼，等. 中国村庄空间分布特征及空间优化重组解析 [J]. 地理科学，2016，36 (2)：170 – 179.

[149] 杨忍. 基于自然主控因子和道路可达性的广东省乡村聚落空间分布特征及影响因素 [J]. 地理学报，2017，72 (10)：1859 – 1871.

[150] 杨兴柱，杨周，朱跃. 世界遗产地乡村聚落功能转型与空间重构——以汤口、寨西和山岔为例 [J]. 地理研究，2020，39 (10)：2214 – 2232.

[151] 杨雪姣，刘茂松，徐驰，等. 城镇聚落斑块的异速增长与板块效应——以苏州、无锡、常州地区为例 [J]. 生态学杂志，2009，28 (12)：2586 – 2592.

[152] 姚兴柱，白根川，管清琛. 成都平原边缘洪雅县农村居民点时空演变与景观格局 [J]. 中国农学通报，2017，33 (18)：65 – 70.

[153] 叶阿忠，吴继贵，陈生明，等. 空间计量经济学 [M]. 福建：厦门大学出版社，2015.

[154] 余兆武，肖黎姗，郭青海，等. 城镇化过程中福建省山区县农村聚落景观格局变化特征 [J]. 生态学报，2016，36 (10)：3021 – 3031.

[155] 曾早早，方修琦，叶瑜. 吉林省近 300 年来聚落格局演变 [J]. 地理科学，2011，31 (1)：87 – 94.

[156] 张佰林，蔡为民，张凤荣，等. 隋朝至 1949 年山东省

沂水县农村居民点的时空格局及驱动力［J］. 地理研究，2016，35（6）：1141－1150.

［157］张海朋，樊杰，何仁伟，等. 青藏高原高寒牧区聚落时空演化及驱动机制——以藏北那曲市为例［J］. 地理科学，2019，39（10）：1642－1653.

［158］张京祥，张小林，张伟. 试论乡村聚落体系的规划组织［J］. 人文地理，2002，17（1）：85－88.

［159］张莉，陆玉麒. 基于可达性的中心地体系的空间分析［J］. 地理科学，2013，33（6）：649－658.

［160］张文合. 中心地理论［J］. 地理译报，1988，7（3）：1－5.

［161］张文奎. 人文地理学概论［M］. 长春：东北师范大学出版社，1987.

［162］张小林. 乡村概念辨析［J］. 地理学报，1998，53（4）：365－371.

［163］张小林. 乡村空间系统及其演变研究——以苏南为例［M］. 南京：南京师范大学出版社，1999：265－271.

［164］张占斌. 新型城镇化的战略意义和改革难题［J］. 国家行政学院学报，2013（1）：48－54.

［165］赵丽平，侯德林，王雅鹏，等. 城镇化对粮食生产环境技术效率影响研究［J］. 中国人口·资源与环境，2016，26（3）：153－162.

［166］赵茜宇，张占录，方杰代. 黄土高原丘陵沟壑区农村居民点整理模式分析——以兰州市黄裕乡为例［J］. 干旱区资源与环

境，2016，30（9）：44－49.

［167］郑度. 21世纪人地关系研究前瞻［J］. 地理研究，2002，21（1）：9－13.

［168］郑风田. 如何落实十九大报告中的乡村振兴战略？［N/OL］.（2017－11－08）［2017－12－12］. 思客，http：//sike. news. cn/statics/sike/posts/2017/11/219526346. html.

［169］郑文升，姜玉培，罗静，等. 平原水乡乡村聚落空间分布规律与格局优化——以湖北公安县为例［J］. 经济地理，2014，34（11）：120－127.

［170］中国城市规划设计研究院上海分院. 大城市与小城市之辩［EB/OL］.（2017－10－10）［2017－10－22］. 中国城市规划，https：//mp. weixin. qq. com/s/5KUzNm7itSMbJw－6LOa_gw.

［171］周国华，贺艳华，唐承丽，等. 中国农村聚居演变的驱动机制及态势分析［J］. 地理学报，2011，66（4）：515－524.

［172］周心琴. 西方国家乡村景观研究新进展［J］. 地域研究与开发，2007，26（3）：85－90.

［173］朱纪广. 黄淮海平原城乡聚落等级体系及其空间结构演变研究——以河南省周口市为例［D］. 开封：河南大学，2015.

［174］朱圣钟，吴宏岐. 明清鄂西南民族地区聚落的发展演变及其影响因素［J］. 中国历史地理论丛，1999，17（4）：173－194.

［175］ANDRESSEN B. Tourism Development on Vancouver Island：An Assessment of the Core-Periphery Model［J］. Professional Geographer，1988，40（1）：32－42.

[176] ANSELIN L. Spatial Econometrics: Methods and Models [M]. Springer, 1988.

[177] ANTROP M. Landscape Change and the Urbanization Process in Europe [J]. Landscape and Urban Planning, 2004, 67 (3): 9-29.

[178] ARLINGHAUS S L. Fractals Take a Central Place [J]. Geografiska Annaler, 1985, 67 (2): 83-88.

[179] AUERBACH F. Das Gesetz Der Bevolkerungskonzentration [J]. Petermanns Geographische Mitteilungen, 1913, 49 (1): 73-76.

[180] BAKER A R H. Reversal of the Rank-size Rule: Some Nineteenth Century Rural Settlement Sizes in France [J]. The Professional Geographer, 1969, 21 (6): 386-392.

[181] BAK P. How Nature Works: The Science of Self-organized Criticality [M]. New York: Springer-Verlag, 1996.

[182] BARCUS H R. The Emergence of New Hispanic Settlement Patterns in Appalachia [J]. Professional Geographer, 2007, 59 (3): 298-315.

[183] BASKI J, WESOłOWSKA M. Transformations in Housing Construction in Rural Areas of Poland's Lublin Region: Influence on the Spatial Settlement Structure and Landscape Aesthetics [J]. Landscape & Urban Planning, 2010, 94 (2): 116-126.

[184] BASU B, BANDYAPADHYAY S. Zipf's Law and Distribution of Population in Indian Cities [J]. Indian Journal of Physics, 2009,

83 (11): 1575 – 1582.

[185] BATTY M. The Size, Scale, and Shape of Cities [J]. Science, 2008, 319 (5864): 769 – 771.

[186] BERRY B J L, GARRISON W L. The Functional Bases of the Central Place Hierarchy [J]. Econ Geogr, 1958, 34 (2): 145 – 154.

[187] BERRY B J L, KOZARYN A O. The City Size Distribution Debate: Resolution for US Urban Regions and Megalopolitan Areas [J]. Cities, 2012, 29 (S1): 17 – 23.

[188] BLVIN M, SKINNER G W. The Chinese City Between Two Worlds [M]. Stanford University Press, 1974: 331 – 358.

[189] BURTCHETT C A. The Size Continuum of Small Settlements in the Central Loire Valley, 1846 – 1946 [J]. Geographic Articles, 1969 (12): 15 – 22.

[190] CARRIÓN-FLORES C, IRWIN E G. Determinants of Residential Land-use Conversion and Sprawl at the Rural-urban Fringe [J]. American Journal of Agricultural Economics, 2004, 86 (4): 889 – 904.

[191] CARROLL G R. National City Size Distributions: What do We Know after 67 Years of Research? [C]. Process in Human Geography, 1982: 1 – 43.

[192] CHEN Y G, ZHOU Y X. Reinterpreting Central Place Networks Using Ideas from Fractals and Self-organized Criticality [J]. Environment and Planning B: Planning and Design, 2006, 33 (3): 345 – 364.

[193] CHEN Y G, Zhou Y X. The Rank-Size Rule and Fractal Hierarchies of Cities: Mathematical Models and Empirical Analyses [J]. Environment and Planning B: Planning and Design, 2003, 30 (6): 799 - 818.

[194] CHEN Y G. Analogies Between Urban Hierarchies and River Networks: Fractals, Symmetry, and Self-organized Criticality [J]. Chaos Solitons & Fractals, 2009, 40 (4): 1766 - 1778.

[195] CHEN Y G. Fractal Systems of Central Places Based on Intermittency of Space-filling [J]. Chaos, Solitons & Fractals, 2011, 44 (8): 619 - 632.

[196] CHEN Y G. Multifractals of Central Place Systems: Models, Dimension Spectrums, and Empirical Analysis [J]. Physica A: Statistical Mechanics and Its Applications, 2013, 402 (10): 266 - 282.

[197] CHEN Y G. The Distance-decay Function of Geographical Gravity Model: Power Law of Exponential Law? [J]. Chaos Solitons & Fractals, 2015, 77 (11): 174 - 189.

[198] CHEN Y G. The Mathematical Relationship Between Zipf's Law and the Hierarchical Scaling Law [J]. Physica A: Statistical Mechanics and Its Applications, 2012, 391 (11): 3285 - 3299.

[199] CHISHOLM M. Rural Settlement and Land Use [M]. Transaction Books, 1964.

[200] CHRIASTALLER W. Central Places in South Germany [M]. New Jersey: Prentice Hall, 1966.

[201] CHRISTALLER W. Die Zentralen Orte in Süeddeutschland

[M]. Jena: Gustau Fischer, 1933.

[202] CLOKE P J. An Introduction to Rural Settlement Planning [M]. London: Methuen, 1983.

[203] DANIELS T L, LAPPING M B. Small Town Triage: A Rural Settlement Policy for the American Midwest [J]. Journal of Rural Studies, 1987, 3 (3): 273 - 280.

[204] DAVYDOVA N E. The Rural Type of Settlement Through the Eyes of Provincial College Students in Penza Oblast [J]. Russian Education & Society, 2013, 55 (6): 84 - 91.

[205] DEMANGEON A. Types De Peuplement Rural En France [J]. Annales De Géographie. Armand Colin, 1939, 15 (271): 1 - 21.

[206] DICKINSON R E. Rural Settlements in the German Lands [J]. Annals of the Association of American Geographers, 1949, 39 (4): 239 - 263.

[207] DUYCKAERTS C, GODEFROY G. Voronoi Tessellation to Study the Numerical Density and the Spatial Distribution of Neurons [J]. Journal of Chemical Neuroanatomy, 2000, 20 (1): 83 - 92.

[208] FRIEDMANN J. A General Theory of Polarized Development [M]. University of California at Los Angeles, School of Architecture and Urban Planning: Rev edition, 1969.

[209] GABAIX X. Zipf's Law for Cities: An Explanation [J]. Quarterly Journal of Economics, 1999, 114 (3): 739 - 767.

[210] GARCIA C. The Role of Quality of Life in the Rural Reset-

tlement of Mexican Immigrants [J]. Hispanic Journal of Behavioral Sciences, 2009, 31 (4): 446-467.

[211] GIESEN K, SUEDEKUM J. Zipf's Law for Cities in the Regions and the Country [J]. Journal of Economic Geography, 2011, 11 (4): 667-686.

[212] GROSSMAN D, SONIS M. A Reinterpretation of the Rank-size Rule: Examples from England and the Land of Israel [J]. Geographical Research Forum, 1989 (9): 67-108.

[213] GUSTAFSON E J, HAMMER R B, RADELOFF V C, et al. The Relationship between Environmental Amenities and Changing Human Settlement Patterns Between 1980 and 2000 in the Midwestern USA [J]. Landscape Ecology, 2005, 20 (7): 773-789.

[214] HALFACREE K. Rural Space: Constructing a Three-fold Architecture [M]. London: Sage, 2006: 44-62.

[215] HILL M. Rural Settlement and the Urban Impact on the Countryside [M]. Hodder & Stoughton, 2003.

[216] HOLMES J. Policy Issues Concerning Rural Settlement in Australia's Pastoral Zone [J]. Geographical Research, 1985, 23 (1): 3-27.

[217] HSU W T. Central Place Theory and City Size Distribution [J]. Economic Journal, 2012, 122 (563): 903-932.

[218] HSU W T. Central Place Theory and Zipf's Law [D]. Minneapolis: University of Minnesota, Twin Cities, 2008.

[219] JIANG B, JIA T. Zipf's Law for All the Natural Cities in the

United States: A Geospatial Perspective [J]. International Journal of Geographical Information Science, 2011, 25 (8): 1269 - 1281.

[220] JIANG B, LIU X. Scaling of Geographic Space from the Perspective of City and Field Blocks and Using Volunteered Geographic Information [J]. International Journal of Geographical Information Science, 2012, 26 (2): 215 - 229.

[221] JIANG B, YIR J J, LIU Q L. Zipf's Law for All the Natural Cities Around the World [J]. International Journal of Geographical Information Science, 2015, 29 (3): 498 - 522.

[222] JUDITH P. Rural Settlement Planning in the USSR [J]. Soviet Studies, 1979, 31 (2): 214 - 230.

[223] KANDEL W, CROMARTIE J. New Patterns of Hispanic Settlement in Rural America [R]. Rural Development Research Report, 2004.

[224] KAYA M E. Landscape Change and Rural Policy: An Identity Based Approach to Rural Settlements [J]. Journal of Faculty of Architecture, 2013, 10 (2): 94 - 110.

[225] KISS E. Rural Restructuring in Hungary in the Period of Socio-economic Transition [J]. GeoJournal, 2000, 51 (3): 221 - 233.

[226] KNAPP R G. Chinese Landscapes: The Village as Place [M]. University of Hawaii Press, 1992: 211 - 220.

[227] LAM N S-N, DE COLA L. Fractals in Geography [M]. Englewood Cliffs, NJ: PTR Prentice Hall, 1993.

[228] LICHTER D T, JOHNSON K M. Emerging Rural Settlement Patterns and the Geographic Redistribution of America's New Immigrants

[J]. Rural Sociology, 2006, 71 (1): 109 - 131.

[229] LINARD C, GILBERT M, SNOW R W, et al. Population Distribution, Settlement Patterns and Accessibility across Africa in 2010 [J]. PloS One, 2012, 7 (2): 1 - 8.

[230] LI T T, LONG H L, LIU Y Q, et al. Multi-scale Analysis of Rural Housing Land Transition under China's Rapid Urbanization: The Case of Bohai Rim [J]. Habitat International, 2015, 48: 227 - 238.

[231] LIU Y S, LIU Y, CHEN Y F, et al. The Process and Driving Forces of Rural Hollowing in China under Rapid Urbanization [J]. Journal of Geographical Sciences, 2010, 20 (6): 876 - 888.

[232] LONG H L, ZOU J, PYKETT J, et al. Analysis of Rural Transformation Development in China Since the Turn of the New Millennium [J]. Applied Geography, 2011, 31 (3): 1094 - 1105.

[233] LONG H L. Land Consolidation: An Indispensable Way of Spatial Restructuring in Rural China [J]. Journal of Geographical Sciences, 2014, 24 (2): 211 - 225.

[234] MCGRANAHAN D, WOJAN T. Recasting the Creative Class to Examine Growth Process in Rural and Urban Counties [J]. Regional Studies, 2007, 41 (2): 197 - 216.

[235] MCLAUGHLIN B P. Rural Settlement Planning: A New Approach [J]. Town & Country Planning, 1976.

[236] MULLIGAN G F. The Urbanization Ratio and the Rank-size Distribution: A Comment [J]. Journal of Regional Science, 1981, 21 (2): 283 - 285.

[237] OLDFIELD P. Rural Settlement and Economic Development in Southern Italy: Troia and Its Contado, c. 1020-c. 1230 [J]. Journal of Medieval History, 2012, 31 (4): 327 – 345.

[238] OLIVEIRA E C D, SANTOS E S D, ZEILHOFER P, et al. Geographic Information Systems and Logistic Regression for High-resolution Malaria Risk Mapping in a Rural Settlement of the Southern Brazilian Amazon [J]. Malaria Journal, 2013, 12 (1): 1 – 9.

[239] PACIONE M. Rural Geography [M]. London: Harper & Row, 1984: 2 – 10.

[240] PETER S R. Implications of Rural Settlement Patterns for Development: A Historical Case Study in Qaukeni, Eastern Cape, South Africa [J]. Development Southern Africa, 2003, 20 (3): 405 – 421.

[241] POWE N, WHITBY M. Economies of Settlement Size in Rural Settlement Planning [J]. Town Planning Review, 1994, 65 (4): 415 – 434.

[242] Rey V, BACHVAROV M. Rural Settlements in Transition-agricultural and Countryside Crisis in the Central-Eastern Europe [J]. Geo-Journal, 1998, 44 (4): 345 – 353.

[243] ROBERTS B K. Rural Settlement in Britain [M]. London: Hutchinson, 1979: 5 – 36

[244] ROBERTS B K. The Making of the English Village [M]. London: Longman, 1987: 2 – 10.

[245] ROSEN K T, RESNICK M. The Size Distribution of Cities: An Examination of the Pareto Law and Primacy [J]. Journal of Urban

Economics, 1980, 8 (2): 165 - 186.

[246] ROY S S, JANA N C. Impact of Geomorphic Attributes on Rural Settlement Distribution: A Case Study of Baghmundi Block in Purulia District, West Bengal [J]. International Journal of Innovative Research and Development, 2015, 4 (8): 121 - 132.

[247] RUDA G. Rural Buildings and Environment [J]. Landscape and Urban Planning, 1998, 41 (2): 93 - 97.

[248] SHI L F, ZHANG Z X, LIU F, et al. City Size Distribution and Its Spatiotemporal Evolution in China [J]. Chinese Geographical Science, 2016, 26 (6): 703 - 714.

[249] SOFER M, APPLEBAUM L. The Rural Space in Israel in Search of Renewed Identity: The Case of the Moshav [J]. Journal of Rural Studies, 2006, 22 (3): 323 - 336.

[250] SONIS M, GROSSMAN D. Rank-size Rule for Rural Settlements [J]. Socio-Economic Planning Sciences, 1984, 18 (6): 373 - 380.

[251] SOO K T. Zipf's Law for Cities: A Cross-country Investigation [J]. Lse Research Online Documents on Economics, 2004, 35 (7): 239 - 263.

[252] STOCKDALE A. The Diverse Geographies of Rural Gentrification in Scotland [J]. Journal of Rural Studies, 2010, 26 (1): 31 - 40.

[253] SU S, ZHANG Q, ZHANG Z, et al. Rural Settlement Expansion and Paddy Soil Loss across an Ex-urbanizing Watershed in Eastern Coastal China During Market Transition [J]. Regional Environmental Change, 2011, 11 (3): 651 - 662.

[254] SWAINSON B M. Dispersion and Agglomeration of Rural Settlement in Somerset [J]. Geography, 1944, 29 (3): 1 -8.

[255] SWEARINGEN W S. Farmers and Rural Kansas Communities: Planning for the Future [J]. Manitoba Ministry of Agriculture Food & Rural Initiatives, 2014, 9 (3): 227 -242.

[256] TIAN G J, LIU J Y, ZHUANG D F. The Temporal-spatial Characteristics of Rural Residential Land in China in the 1990s [J]. Acta Geographical Sinica, 2003, 58 (5): 651 -658.

[257] TREWARTHA G T. Types of Rural Settlement in Colonial America [J]. Geographical Review, 1946, 36 (4): 568 -596.

[258] UNWIR P, TIM H. The Rank-size Distribution of Medieval English Taxation Hierarchies with Particular Reference to Nottinghamshire [J]. Professional Geographer, 1981, 33 (3): 350 -360.

[259] WEAVER D. Peripheries of the Periphery: Tourism in Tobago and Barbuda [J]. Annals of Tourism Research, 1998, 25 (2): 292 -313.

[260] WOLFE M. Rural Settlement Patterns and Social Change in Latin America [J]. Latin American Research Review, 1966, 1 (2): 5 -50.

[261] ZIPF G K. Human Behavior and The Principles of Least Effort [J]. Journal of Clinical Psychology, 1949, 6 (3): 306 -306.

[262] ZURICK D N. Adventure Travel and Sustainable Tourism in the Peripheral Economy of Nepal [J]. Annals of the Association of American Geographers, 1992, 82 (4): 608 -628.

后　　记

光阴荏苒，又是一年盛夏。晃眼之间，自博士毕业至今已三年有余。

回首读博期间的点点滴滴，感念当前的工作和生活状态，心中倍感充实。本书是在博士论文基础上的进一步完善和补充，再次回看“沉甸甸”的博士论文和一遍又一遍的论文修改稿，及至今日手中的书稿，仍然感慨良多。

回顾博士生活，最为感谢和感恩的是我的导师李小建教授。李老师为人谦和、正直、宽厚，治学严谨，平易近人，学术成就极高。在2012年攻读硕士学位之时，我很荣幸成为李老师的学生，2015年9月硕士毕业之时更是有幸跟着李老师继续攻读区域经济学博士学位。感谢李老师，他指引我逐步探索，在一次又一次修改论文的过程中，让我更加清晰地认识到自己的不足和局限，也一步又一步地指导我逐步提升，在导师的不断栽培和谆谆教诲中，我初步完成博士学位论文的撰写，并在此期间陆续发表相关的学术论文，这期间浸润着导师诸多的心血和辛劳，寥寥数语难以言表。跟着李老师学习的六年半时间里，他的治学严谨敦促着我论文写作时应当认真、有逻辑，印象最为深刻的是投稿生态学报时论文的外审修改，看着外审专家所提出的一条条问题，我顿感不知所措，不知道如何着手去修订，李老师将外审意见打印出来，我们逐条沟通、梳理、修改、完善，最终这篇论文得以发表，也构成了学位论文其中的一个重要章节。每一篇小论文的发表，都饱含着老师的辛勤付出。对于李老师，在尊敬之初，有一种莫名的胆怯，德高望重的地理学大家，会不会难以接触，而经过更多地接触、求教、答疑解惑之后，这种胆怯已逐渐转变为深深的敬重。对于我偶尔所犯的错误，李老师在一笑置之的同时，会给我温暖的鼓励。学习上、学术上导师在给予我尽心指导的同时，在实践上、生活上也给予我极大的帮助，多次实践均会给我机会去学习和观摩，在细微小事中教会我做人、处事的道理。论文完成的同时，感激和感恩于李老师和师母一直以来的教导和关怀，“鸦有反哺之义，羊知跪乳之恩”，在今后的工作生活中学生定会谨记您的教诲，踏踏实实做人，勤勤恳恳做事。

博士学位论文在开题、答辩过程中，得到了中国科学院地理科学与资源研究所刘彦随教授、南开大学经济研究所安虎森教授、浙江大学公共管理学院石敏俊教授、北京大学城市与环境学院陈彦光教授、河南大学黄河文明与可持续发展研究中心苗长虹教授、洛阳师范学院院长梁留科教授等专家学者切实、中肯的建议，这些建议在斧正论文中存在不妥之处的同时，也让我进一步梳理论文研究思路的逻辑性，经过不断地修改论文得以逐步完善。同时，河南大学地理与环境学院（原环境与规划学院）和经济学院、河南财经政法大学资源与环境学院和工程管理以及房地产学院的多位教授在论文写作过程中也给予了莫大的支持和鼓励，对于论文所涉及的经济学部分和模型使用部分的意见和修改建议，使我在论文进一步的完善过程中得到了有益的补充，诸位老师的帮助使我受益颇多。感谢他们在论文写作过程中给予的关心与帮助。

博士论文的研究数据量较大，非常感谢在论文数据处理时朱纪广师兄、史焱文师兄耐心而又详细地教我数据处理的方法和步骤，让我没有因为方法问题耽搁太久；感谢娄帆、辛向阳、张香玲、薛莹春、谢桂珍、白燕飞、张会婷等师弟师妹帮助我处理遥感影像数据，让我在最短的时间内获得最有效的数据。特别感谢同门师妹娄帆，在2017年炎热的酷暑，陪着我背着背包去实地调研，从河南省民政厅到各地市民政局，走过开封、商丘、周口的各个县（市），从一个县到另一个县，挨个儿收集调研数据，给予我的不仅是帮助，更是求学路上的陪伴。书中所使用的实地调研数据获取难度更大，在此特别感谢河南省民政厅地名区划处的司新鲜处长、李云处长、马旺顺主任的热忱帮助，感谢开封市、商丘市、周口市的民政局地名区划科诸位领导在各地区调研时给予的无私帮助，也感谢各县部分地名普查工作人员的帮助得以获取研究所需的调研数据。他们的帮助使得聚落的研究具备了坚实的数据基础。

2018年12月博士学位论文提交和答辩的时刻，既是博士求学阶段的结束，也是下一个人生阶段的开始。2019年1月我顺利入职，成为一名高校“青椒”，身份的转变，由初始的惶恐和忐忑到慢慢地适应节奏，上课、科研在摸索中不断提升，工作、生活也在磨合中求得短暂平衡。“扬帆求职路，砥砺职场行”，自入职以来我也一直在努力着……

又是一个炎热的酷暑，五年前陪伴我调研的师妹已然成为同事，往昔的同窗好友也在不同的岗位上兢兢业业、努力奋斗，尊敬的师长依然在日常生活和工作中给予我很多指导和关怀。感谢师恩，感恩过往，昨日时光，皆为今日序章。

后记的内容是在博士论文致谢基础上的进一步完善，在书稿后记撰写的时候，回忆过去的读博生活，心里依然觉着十分充实，特别感谢所有支持过我、帮助过我、鼓励过我的老师们和朋友们。在最后即将落笔画上句点的时候，也非常感谢我的父母及家人，有了他们的支持和理解，我才能安心的完成学业、完成论文和书稿。恰逢暑假，带着孩子去探亲，看着一旁熟睡的女儿和同在加班的爱人，内心一片丰盈，落笔至此，满怀感恩。

道阻且长，行则将至，行而不辍，未来可期。

杨慧敏
2022 年 9 月